2020—2021年中国工业和信息化发展系列蓝皮书

2020—2021年
中国安全应急产业发展蓝皮书

中国电子信息产业发展研究院 编 著

乔 标 主 编
高 宏 副主编

电子工业出版社
Publishing House of Electronics Industry
北京·BEIJING

内 容 简 介

本书分综合篇、领域篇、区域篇、园区篇、企业篇、政策篇、热点篇和展望篇八个部分，从多方面、多角度，通过数据、图表、案例、热点等多种形式，重点分析总结了 2020 年国内外安全应急产业的发展情况，比较全面地反映了 2020 年我国安全应急产业发展的动态与问题，对我国安全应急产业发展中的重点行业（领域）、重点地区、国家安全应急产业示范产业基地进行了比较全面的分析，展望了 2021 年我国安全应急产业发展的趋势。

本书可为政府部门、相关企业及从事相关政策制定、管理决策和咨询研究的人员提供参考，也可供高等学校相关专业师生及对安全应急产业发展感兴趣的读者学习。

未经许可，不得以任何方式复制或抄袭本书之部分或全部内容。
版权所有，侵权必究。

图书在版编目（CIP）数据

2020—2021 年中国安全应急产业发展蓝皮书 / 中国电子信息产业发展研究院编著；乔标主编. —北京：电子工业出版社，2021.11
（2020—2021 年中国工业和信息化发展系列蓝皮书）
ISBN 978-7-121-42305-5

Ⅰ. ①2… Ⅱ. ①中… ②乔… Ⅲ. ①安全生产－研究报告－中国－2020-2021
Ⅳ. ①X93

中国版本图书馆 CIP 数据核字（2021）第 226223 号

责任编辑：许存权
印　　刷：中煤（北京）印务有限公司
装　　订：中煤（北京）印务有限公司
出版发行：电子工业出版社
　　　　　北京市海淀区万寿路 173 信箱　　邮编：100036
开　　本：720×1 000　1/16　印张：16.75　字数：376 千字　彩插：1
版　　次：2021 年 11 月第 1 版
印　　次：2021 年 11 月第 1 次印刷
定　　价：218.00 元

凡所购买电子工业出版社图书有缺损问题，请向购买书店调换。若书店售缺，请与本社发行部联系，联系及邮购电话：(010) 88254888，88258888。
质量投诉请发邮件至 zlts@phei.com.cn，盗版侵权举报请发邮件至 dbqq@phei.com.cn。
本书咨询联系方式：(010) 88254484，xucq@phei.com.cn。

前 言

  2020年对中国和世界来说都是极不平凡的一年。面对空前严峻复杂的形势和风险挑战，中国经济逆势而上，战疫成果显著，经济稳步复苏，成为全球唯一正增长的主要经济体，交出了一份人民满意、世界瞩目、可以载入史册的答卷。2020年，在以习近平同志为核心的党中央坚强领导下，我国统筹推进新冠肺炎疫情防控和经济社会发展工作取得了显著成绩，疫情防控和经济恢复都走在世界前列。弘扬伟大抗疫精神，及时总结经验，更好统筹常态化疫情防控和经济社会发展工作意义重大。

  发挥工业体系优势，提升我国应急物资保障能力。相对于实物储备和合同储备，生产储备（或称生产能力储备）是应对突发事件危害程度高、持续时间长、受灾规模大的主要手段。对于我国这样人口多、灾害多发且类型复杂的国家，更应该重视生产储备。至2020年，我国制造业能力已连续11年稳居世界第一，抗击新冠肺炎疫情过程中，应急医疗物资从严重短缺，到后来为全球提供防疫物资，我国强大的工业体系发挥了重要作用。依托我国制造业的优势，自2012年以来，我国安全产业和应急产业在国家的大力支持下，作为战略产业逐渐发展壮大，推动了预防和救援两方面装备、技术、服务的进步，也提高了我国安全和应急保障能力。安全产业和应急产业具有相同属性，融合发展是大势所趋，聚焦自然灾害、事故灾难、公共卫生、社会安全等四类突发事件预防和应急处置需求,是未来安全应急产业的目标。作为推进国家安全和应急产业发展的牵头部门,工业和信息化部联合相关部委,在2020年将两大产业正式进行整合,明确了安全应急产业的定义,即为自然灾害、事故灾难、公共卫生事件、社会安全事件等各类突发事件提供安全防范与应急准备、监测与预警、处置与救援等专用产品和服务的产业。

统筹发展和安全,安全应急产业任重道远。党的第十九届五中全会提出,统筹发展和安全,建设更高水平的平安中国。面对抗击新冠肺炎疫情,习近平总书记多次强调"要健全统一的应急物资保障体系,把应急物资保障作为国家应急管理体系建设的重要内容",这是对安全应急产业发展提出的新要求。加强安全源头治理,提升应急管理和救援能力正是从安全应急产业的两个不同方向来提升我国的安全保障水平。充分发挥提升本质安全水平和应急处置能力的作用,增强我国安全应急保障体系建设,推进安全发展,安全应急产业责任重大。

一

我国安全形势总体保持平稳。2020年,我国不仅在抗击新冠肺炎疫情中取得了举世瞩目的成就,而且面对各类重特大风险,自然灾害死亡失踪人数历史最低,生产安全事故起数和死亡人数、重特大事故起数和死亡人数历史最低。据应急管理部消息,2020年我国因灾死亡失踪人数和倒塌房屋数量,相比近5年的平均值分别下降52.7%和47.0%;全国的生产安全事故起数和死亡人数,同比分别下降15.5%和8.3%,全国大部分地区和行业领域的安全生产形势持续好转。

我国安全和应急保障体系的基础仍然薄弱,既面临存量风险又要面对增量风险。首先,2020年新冠肺炎疫情初期,我们面对过口罩、医用防护服等各类防疫物资的严重紧缺。其次,2020年我国各种自然灾害共造成1.38亿人次受灾,591人因灾死亡失踪,589.1万人次紧急转移安置;10万间房屋倒塌,30.3万间严重损坏,145.7万间一般损坏;农作物受灾面积19957.7千公顷,其中绝收2706.1千公顷;直接经济损失3701.5亿元。最后,我国2020年全年共发生安全事故3.8万余起、死亡2.74万余人,尽管没有发生特别重大的安全生产事故,但发生了重大事故 16 起,涉及建筑、运输、煤矿、火灾等不同类型,事故起数与 2019 年持平,死亡人数上升 18%。这些都表明目前我国各类突发事件的风险挑战仍比较严重,事故和灾害还处于易发多发时期,加上新冠肺炎疫情和外部经济环境冲击,不确定因素增多,各类安全风险隐患加大。需要不断提升全社会的安全意识、应急意识和责任意识,筑牢防灾减灾救灾的人民防线。必须坚持统筹发展和安全,增强机遇意识和风险意识,树立底线思维,把困难估计得更充分一些,把风险思考得更深入一些,注重堵漏洞、强弱项,有效防范化解各类风险挑战。

服务统筹发展和安全将是做好安全应急保障体系建设的主基调。我们既要善于运用发展成果夯实国家安全的实力基础,又要善于塑造有利于经济社会发展的安全环境,实现发展和安全互为条件、彼此支撑。提高我们国家的安全和应急保障能力,就要努力发展安全防范与应急准备、监测与预警、处置与救援等专用产品和服务,充分满足自然灾害、事故灾难、公共卫生事件、社会安全事件等各类突发事件的保障需要。在先进安全应急产品和服务有效供给能力明显增强,全社会本质安全水平显著提升的基础上,加快安全应急产业发展,推动先进安全应急技术和产品的研发及推广应用,强化源头治理、消除安全隐患,打造新经济增长点,使安全应急产业成为经济发展新的增长极。

二

我国安全应急产业发展发挥了重要作用。2020 年,面对新冠肺炎疫情,党和国家高度重视应急物资保障工作,习近平总书记明确指示要"按照集中管理、统一调拨、平时服务、灾时应急、采储结合、节约高效的原则"做好应急物资保障体系建设工作,提出了"要优化重要应急物资产能保障和区域布局"等四点具体要求。新冠肺炎疫情发生以来,面对口罩、医用防护服等防疫物资严重紧缺,国家迅速组织企业增产扩能。通过全力动员复工复产,支持企业技改扩产,开辟绿色通道,加快生产企业资质审批,加强人员、设备、原辅材料运输等关键环节的协调,口罩、防护服、隔离眼罩/面罩、测温仪等医疗物资产能产量大幅增长,保证了我国抗击疫情的需要。我国完整的工业体系,在抗击疫情中发挥了重要作用。但面对新冠肺炎疫情这样规模大、持续时间长、危害程度高的灾害时,在应对过程中也发现了许多应急物资保障方面的问题。作为应急物资储备体系中的生产能力储备,在制度建设、协同机制、转换能力、区域分布等方面还存在许多短板和弱项。为落实党中央和习近平总书记的指示精神,健全完善我国应急物资保障建设工作,安全应急产业要抓住机遇,迎难而上,认真落实"安全第一,预防为主"的方针,做好产业发展促进产能保障和区域分布的工作,为进一步发挥我国工业体系优势,提升我国应急保障能力,实现健全统一的应急物资保障体系,加强国家应急管理体系建设,推进国家治理体系和治理能力现代化发挥应有的作用。

新冠肺炎疫情给我国安全应急产业发展带来了机遇,也带来了挑战。作为突发公共卫生事件的新冠肺炎疫情,给应急医疗物资的相关产业发展带来了巨大的需求,国家迅速组织企业增产扩能,保证了我国抗击疫情的需要。截至2020年4月5日,一次性医用防护服日产能1月底0.87万件,达到150万件以上;口罩2月1日900多万只,4月底2.23亿只,医用N95口罩日产能超过340万只;重点跟踪企业医用隔离眼罩/面罩日产能达到29万个;全自动红外测温仪日产能1万台;手持式红外测温仪日产能40万台;有创呼吸机年产约8000台,现周产能2200台。此外,中国尽己所能为国际社会提供应急物资援助。从3月15日至9月6日,我国已向150个国家和4个国际组织提供283批抗疫援助;中国向200多个国家和地区提供和出口防疫物资;我国总计出口口罩1515亿只、防护服14亿件、护目镜2.3亿个、呼吸机20.9万台、检测试剂盒4.7亿人份、红外测温仪8014万件。

同时,其他安全应急产业领域随着我国经济的恢复,也逐步进入了正常的发展进程。受疫情影响,传统的中国安全产业大会、中国(徐州)安全应急装备博览会都未能按时举办,但2020年仍有一系列的安全应急产业交流推广活动在全国范围内广泛展开,在北京、杭州、潍坊、合肥等地也先后举办了多次安全应急产业研讨会、论坛和展览展示活动。2020年8月,在江苏徐州召开了中国安全产业第二届会员代表大会,选举产生了以王民为理事长的中国安全产业协会新一届领导班子，标志着这个安全应急产业领域的全国性国家一级社会团体将进入新发展阶段。2020年，中国电子信息产业发展研究院安全产业研究所联合中国安全产业协会等，在2020年出版了《2019—2020年中国安全应急产业发展蓝皮书》，发布了《2020中国安全和应急产业地图白皮书》和《2020中国安全应急产业发展白皮书》等研究论著。上述这些活动都将对推进我国安全应急产业发展起到非常重要的作用。

国家对安全应急产业的调整逐渐到位。2020年6月，工业和信息化部发布的《关于进一步加强工业行业安全生产管理的指导意见》，是安全和应急两个产业整合后的首个公开有关安全应急产业发展的文件，文件对于安全应急产业的发展强调了推动科技的引领作用、优化产能保障和区域布局及加快先进安全应急产品的推广应用三方面工作。2020年12月，工信部、国家发展改革委、科技部先后对《国家安全应急产业示范基地管理办法（试行）（征求意见稿）》和《安全应急产业分类指导目录（2020年版）（征求意见稿）》公开征求意见，将在2021年发布。此外，2020年1月，工业和信息化部办公厅、国家发展和改革委员会办公厅、科学技术部办公厅还联合发布了《安全应急装备应用试点示范工程管理办法（试行）》，并在全国范围内开展了安全应急装备应用试点示范工程项目的征集工作。未来，随着这些政策文件的逐步落实，安全应急产业的发展将迎来一个新的发展阶段。

展望2021年，安全应急产业将随着我国经济发展新格局的步伐，继续做好高质量发展工作。2021年作为"十四五"开局之年，在我国现代化建设进程中具有特殊重要性，做好经济工作意义非常重大。我们应该清醒地看到，疫情变化和外部环境存在许多不确定性，我国经济恢复的基础尚不牢固。对此我们既要充满信心，更要保持清醒。安全应急产业的发展必须以推动高质量发展为主题，以深化供给侧结构性改革为主线，以满足人民日益增长的美好生活需要为目的，保障经济行稳致远、社会安定和谐，为确保"十四五"开好局。

三

落实统筹发展与安全要求，保障平安中国建设是安全应急产业发展的目标。按照"全面提高公共安全保障能力,完善国家应急管理体系,加强应急物资保障体系建设"的要求,聚焦应对四大突发事件需要,充分发挥安全应急产业在统筹发展和安全中的支撑作用,形成服务于以国内大循环为主体、国内国际双循环相互促进的新发展格局,将科技创新转化为推进高质量发展的强大动能,以特色基地为载体,优势产业为依托,龙头企业为引领,强化补全产业链,不断推进产业高质量发展,赛迪智库安全产业研究所在工业和信息化部安全生产司等部门的支持下,在中国安全产业协会和有关单位的协助下,努力发挥我们在安全应急产业研究方面的优势作用。为此,全所研究人员关注国内外安全应急产业的发展动向,努力把握"平安中国"建设的新要求,不断为我国安全应急产业的发展献计献策,而编撰本书。此次编撰《2020—2021年中国安全应急产业发展蓝皮书》,是自2013年以来第七次撰写安全应急产业发展年度蓝皮书。全书分综合篇、领域篇、区域篇、园区篇、企业篇、政策篇、热点篇和展望篇八个部分,从多方面、多角度,通过数据、图表、案例等多种形式,重点分析总结2020年国内外安全应急产业的发展情况,比较全面地反映了2020年我国安全应急产业发展的动态与问题,对我国安全应急产业发展中的重点行业(领域)、重点地区、国家安全应急产业示范产业基地进行了比较全面的分析,展望了2021年我国安全应急产业发展的趋势。

综合篇:梳理全球安全应急产业发展现状并进行了分析研究,对我国安全应急产业发展的状况和特点进行了总结,首次在蓝皮书中给出了我国安全应急产业的规模数据,指出了我国安全应急产业发展存在的问题,并提出了相应的对策建议。

领域篇:首次聚焦自然灾害、事故灾难、公共卫生、社会安全等四类突发事件预防和应急处置需求,主要从基本情况、发展特点两个方面进行了较详细的分析研究。

区域篇:分东部地区、中部地区和西部地区,对这些区域的安全应急产业发展,从整体发展情况、发展特点两大方面进行了研究,并选取了其中发展较好的重点省市进行了介绍。

园区篇：选取了徐州、营口、合肥、济宁、南海、西安、随州、德阳、唐山、溧阳等十个国家安全应急产业示范基地的基本情况进行了研究，在园区概况、园区特色及有待改进的问题等三个方面进行了比较细致的分析研究。

企业篇：以上市企业和中国安全产业协会的理事单位为主，按大中小企业类型，选择了在国内安全应急产业发展较有特点的十一家企业单位，对各企业的概况和主要业务等进行了介绍。

政策篇：对2020年我国安全应急产业发展的政策环境进行了研究，选取了《安全生产法（修正草案）》和《国家安全应急产业示范基地管理办法（试行）》等2020年对我国安全应急产业发展有重要意义的四个文件和政策进行了专题解析。

热点篇：结合我国经济社会安全和安全应急产业发展的热点事件，选取了新冠肺炎疫情、西昌"3.30"森林火灾等重大事件作为热点话题，分别进行了回顾和分析。

展望篇：对国内安全产业主要机构的研究和预测观点进行了整理，对2021年中国安全应急产业发展从总体和发展亮点两个方面进行了重点展望。

赛迪智库安全产业研究所非常重视研究国内外安全应急产业的发展动态与趋势，努力发挥好对国家政府机关的支撑作用，以及安全应急产业园区和基地、安全应急产业企业、金融投资机构及安全应急产业团体的服务功能。希望通过我们坚持不懈的研究，对于促进我国安全应急产业发展，推动我国经济社会安全发展，助力平安中国建设，促进我国安全应急保障能力提升，做出应有的贡献。

赛迪智库安全产业研究所

目 录

综 合 篇

第一章　2020年全球安全应急产业发展状况……………………002
　　第一节　概述……………………………………………………002
　　第二节　发展情况………………………………………………004
　　第三节　发展特点………………………………………………008

第二章　2020年中国安全应急产业发展状况……………………011
　　第一节　发展情况………………………………………………011
　　第二节　存在问题………………………………………………015
　　第三节　对策建议………………………………………………017

领 域 篇

第三章　自然灾害领域……………………………………………021
　　第一节　基本情况………………………………………………021
　　第二节　发展特点………………………………………………022

第四章　事故灾难领域……………………………………………028
　　第一节　基本情况………………………………………………028
　　第二节　发展特点………………………………………………030

第五章　公共卫生领域……………………………………………033
　　第一节　基本情况………………………………………………033

第二节　发展特点 ··· 039

第六章　社会安全领域 ··· 043
　　第一节　基本情况 ··· 043
　　第二节　发展特点 ··· 046

区 域 篇

第七章　东部地区 ·· 050
　　第一节　整体发展情况 ··· 050
　　第二节　发展特点 ··· 050
　　第三节　典型代表省份——江苏 ··· 053

第八章　中部地区 ·· 056
　　第一节　整体发展情况 ··· 056
　　第二节　发展特点 ··· 057
　　第三节　典型代表省份——湖北 ··· 060

第九章　西部地区 ·· 063
　　第一节　整体发展情况 ··· 063
　　第二节　发展特点 ··· 065
　　第三节　典型代表省份——四川 ··· 067

园 区 篇

第十章　徐州国家安全科技产业园区 ·· 071
　　第一节　园区概况 ··· 071
　　第二节　园区特色 ··· 072
　　第三节　有待改进的问题 ··· 074

第十一章　中国北方安全（应急）智能装备产业园 ····································· 076
　　第一节　园区概况 ··· 076
　　第二节　园区特色 ··· 077
　　第三节　有待改进的问题 ··· 078

第十二章　合肥公共安全产业园区 ·· 080
　　第一节　园区概况 ··· 080
　　第二节　园区特色 ··· 081
　　第三节　有待改进的问题 ··· 082

第十三章　济宁安全产业示范基地 ································ 084
第一节　园区概况 ································ 084
第二节　园区特色 ································ 087
第三节　有待改进的问题 ································ 089

第十四章　南海安全产业示范基地 ································ 091
第一节　园区概况 ································ 091
第二节　园区特色 ································ 092
第三节　有待改进的问题 ································ 094

第十五章　西安安全产业示范园区 ································ 096
第一节　园区概况 ································ 096
第二节　园区特色 ································ 097
第三节　有待改进的问题 ································ 099

第十六章　随州市应急产业基地 ································ 100
第一节　园区概况 ································ 100
第二节　园区特色 ································ 101
第三节　有待改进的问题 ································ 102

第十七章　德阳经开区应急产业基地 ································ 104
第一节　园区概况 ································ 104
第二节　园区特色 ································ 105
第三节　有待改进的问题 ································ 106

第十八章　唐山市开平应急装备产业基地 ································ 108
第一节　园区概况 ································ 108
第二节　园区特色 ································ 109
第三节　有待改进的问题 ································ 110

第十九章　溧阳安全应急装备产业基地 ································ 112
第一节　园区概况 ································ 112
第二节　园区特色 ································ 112
第三节　有待改进的问题 ································ 114

企　业　篇

第二十章　杭州海康威视数字技术股份有限公司 ································ 117
第一节　总体发展情况 ································ 117

第二节	代表性的安全产品	119
第二十一章	**徐州工程机械集团有限公司**	**123**
第一节	总体发展情况	123
第二节	主营业务情况	124
第三节	企业发展战略	125
第二十二章	**北京千方科技股份有限公司**	**131**
第一节	总体发展情况	131
第二节	主营业务情况	133
第三节	企业发展战略	135
第二十三章	**北京辰安科技股份有限公司**	**138**
第一节	总体发展情况	138
第二节	主营业务情况	140
第三节	企业发展战略	140
第二十四章	**重庆梅安森科技股份有限公司**	**144**
第一节	总体发展情况	144
第二节	主营业务情况	146
第三节	企业发展战略	149
第二十五章	**浙江正泰电器股份有限公司**	**151**
第一节	总体发展情况	151
第二节	主营业务情况	152
第三节	企业发展战略	155
第二十六章	**威特龙消防安全集团股份公司**	**159**
第一节	总体发展情况	159
第二节	主营业务情况	161
第三节	企业发展战略	161
第二十七章	**江苏八达重工机械股份有限公司**	**163**
第一节	总体发展情况	163
第二节	主营业务情况	164
第三节	企业发展战略	168
第二十八章	**江苏国强镀锌实业有限公司**	**169**
第一节	总体发展情况	169
第二节	主营业务情况	170

第三节　企业发展策略 ·· 173

第二十九章　华洋通信科技股份有限公司 ·· 175
第一节　总体发展情况 ·· 175
第二节　主营业务情况 ·· 177
第三节　企业发展战略 ·· 180

第三十章　北京韬盛科技发展有限公司 ·· 182
第一节　总体发展情况 ·· 182
第二节　主营业务情况 ·· 184
第三节　企业发展战略 ·· 185

政　策　篇

第三十一章　2020年中国安全应急产业政策环境分析 ························· 188
第一节　统筹发展和安全要求加快安全应急产业发展 ··························· 188
第二节　宏观层面：国家加强对安全应急产业重视 ······························· 189
第三节　微观层面：建立应急物资保障体系 ·· 190

第三十二章　2020年中国安全应急产业重点政策解析 ························· 193
第一节　《安全生产法（修正草案）》 ·· 193
第二节　工业和信息化部《关于进一步加强工业行业安全生产管理的指导意见》 ··· 197
第三节　《安全应急装备应用试点示范工程管理办法（试行）》（工信部联安全〔2020〕59号） ·· 201
第四节　《国家安全应急产业示范基地管理办法（试行）》 ··················· 204

热　点　篇

第三十三章　抗击新冠肺炎疫情 ·· 210
第一节　事件回顾 ··· 210
第二节　事件分析 ··· 211

第三十四章　西昌"3·30"森林火灾 ·· 215
第一节　事件回顾 ··· 215
第二节　事件分析 ··· 216

第三十五章　7月长江淮河流域特大暴雨洪涝灾害 ······························· 219
第一节　事件回顾 ··· 219

第二节　事件分析 ·· 222

第三十六章　温岭段"6·13"液化石油气运输槽罐车重大爆炸事故 225
　　第一节　事件回顾 ·· 225
　　第二节　事件分析 ·· 226

第三十七章　中国安全产业协会换届 229
　　第一节　事件回顾 ·· 229
　　第二节　事件分析 ·· 230

展　望　篇

第三十八章　主要研究机构预测性观点综述 234
　　第一节　中国应急信息网 ·· 234
　　第二节　中国安全生产网 ·· 236
　　第三节　中国安防行业网 ·· 237
　　第四节　中国安全产业协会 ··· 240
　　第五节　中国安全生产科学研究院 ·· 241

第三十九章　2021年中国安全应急产业发展形势展望 243
　　第一节　总体展望 ·· 243
　　第二节　发展亮点 ·· 246

后记 ··· 249

综合篇

第一章

2020 年全球安全应急产业发展状况

2020 年,突如其来的新冠肺炎疫情对世界经济带来严重冲击,全球经济、贸易和投资等遭受重挫,美国、欧盟、日本以及中国等主要经济体经济增长出现分化。全球经济遭遇了 20 世纪 30 年代大萧条以来最严重的衰退,尤其是第二季度各国普遍实行经济封锁政策,制造业和服务业停摆、失业率飙升,多国 GDP 跌幅创下历史记录,三、四季度以后伴随各国逐渐解封,经济有所回暖,但由此导致的疫情扩散再度引发经济封锁政策,经济复苏势头有所削弱。据国际货币基金组织(IMF)统计,2020 年全球经济萎缩 4.4%;中国是 2020 年全球唯一实现正增长的主要经济体,全年增长 2.3%,为国际社会抵御疫情和经济减衰创造了有利条件。安全应急产业受此影响也出现了总体规模下降的情况,但随着应急物资、安全保障等方面需求的不断增长,产业规模下降幅度不大。未来,随着经济的全面复苏以及人们安全意识的不断提高,安全应急产业规模及市场需求将有望迎来爆发。

第一节 概述

国外并没有安全应急产业这一称谓。安全应急产业概念受国家工业安全生产水平和应急安全管理需求影响较大,国际上,安全应急产业的概念和范围划分并不统一,各个国家和地区由于自身的基本国情、经济发展水平及人文环境不同,对于自身安全应急产业的具体定义和范围划分都有独特的理解,安全应急产业的定义与其所处的地域安全形势与国家经济地位密不可分。与安全应急产业概念相近的称谓有：Safety Industry（安全产业）、Occupational Safety（职业安全）、Emergency Response Technology Industry（应急技术产业）、the Incident and Emergency Management Market（应急管理市场）、Homeland Security and Public Safety Market（国土安全与公共安全市场），不同的称谓说明其研究安全应急产业的关注点不同。

在美国，安全应急产业更偏重于国土安全，主要关注恐怖袭击预防应对、关键基础设施防护、生化核威胁应对等。最为成熟的产品集中在公共安全预警防控、火灾救助装备、防灾减灾培训、应急救援服务等。美国在安全应急科技和产业化的各个方面投入了大量人力、物力和财力（如美国自"9.11"事件后，用于国土安全的资金从1.4万亿美元，上升至5.5万亿美元），尤其是制造业、电子商务、第三产业达到了较高水平，为预防和减少危害公共安全的突发事件等提供了强有力的支持。2020年，尽管美国在抗击新冠肺炎疫情工作中表现不力，但不可否认其安全应急管理体系完善。2017年美国发布了第三版《全美突发事件管理系统》，这实际上是适用于美国各层级政府的应急管理操作流程的模版文件，主要着眼于应急准备和即时救援，这一应急管理系统甚至还可以接入美军联合作战指挥系统，而应急通讯、互联网、大数据等技术的应用，则为应急管理系统迅速调配大量机构与人员并高效运转提供了有力保障。

德国将安全应急产业称为"安全行业"，主要侧重于工业安全和社会安全，其发展得到了德国政府的大力支持，尤其在其提出工业4.0后，德国更是将安全行业和信息技术相结合，推动新一代安全应急产品和技术的研发及产业化。从目前德国关注的产品和技术来看，智慧安保、电子报警装置、消防设备、基础设施防护、机械安全防护装置及设备等是其主打产品。这几年，德国在安全行业的销售额占据了全欧洲的25%。

英国安全应急产业体系较为成熟，产品或装备的生产企业较多，产品类型主要涉及个体防护用品、医疗救援装备及药品、应急救援车辆、救援工程机械及设备等，其中用于搜救和火灾救援的最多。英国的安全应急产业主要是面向自然灾害及职业健康防护两个领域，专门针对各种人为或者自然灾害进行研究并提供技术及装备解决方案，其提出的

"Safety Industry"主要是针对工作范围内的职业安全领域。

日本安全应急产业主要包括生产安全、个人防护装备及劳保保健、社会安全及安防、与公共安全有关的环保医疗活动、安全（应急）组织与服务等，侧重于装备的先进性、专业性、系统性和多样性。各类安全应急产品已经普及到日常生活中，如每个学校都配有发电机等应急设备、家用消防器材占整个消防器材市场份额的 40%～60%。由于日本自然灾害频发，安全应急产品及技术主要服务于地震、水灾、火灾等领域，且关联性较强。同时，日本的 IT 技术、机器人技术等已经广泛用于安全应急保障领域，如生命探索、消防救援等。此外，日本的安全应急服务产业体系也较完善，其大中型的专业公司不但能够生产安全应急设备，还能提供专业的救援、危机管理、咨询与教育培训等服务。

在我国，为加强对安全产业、应急产业发展的归口、统筹指导，2020年工业和信息化部将安全产业和应急产业整合为安全应急产业，并在《工业和信息化部关于进一步加强工业行业安全生产管理的指导意见》（工信部安全〔2020〕83 号）中，进一步明确了安全应急产业发展的重点任务。同时，将安全应急产业定义为：为自然灾害、事故灾难、公共卫生事件、社会安全事件等各类突发事件提供安全防范与应急准备、监测与预警、处置与救援等专用产品和服务的产业。我国安全应急产业涉及范围较广，如个体防护产品、安全材料、专用安全装备、监测预警产品、应急救援产品、安全应急服务等。通过赛迪智库安全产业所这几年调研和分析我国安全应急产业上市企业规模及占总体产业规模的系数来看，截至 2020 年年底，虽然新冠肺炎疫情对我国经济发展造成了一定影响，但由于疫情防控得力、应急物资需求旺盛、复工复产成效显著等因素，我国安全应急产业总规模持续增长，达到了 11238 亿元，从事生产的企业已超过 5000 家。

第二节 发展情况

一、产业规模总体上略有下降

由于安全应急产业是一个复合的、交叉性很强的产业，各国对其定义和分类范围也各不相同,这就导致了无法将安全应急产业作为一个整体对其规模进行核算。以我国对安全应急产业的定义(即为自然灾害、事故灾难、公共卫生事件、社会安全事件等各类突发事件提供安全防范与应急准备、监测与预警、处置与救援等专用产品和服务的产业)进行估算,结果显示(图 1-1),2020 年由于受到新冠肺炎疫情的影响,全球经济遭遇严重影响,全球安全应急产业市场规模下降了 2.47%。2021年,随着全球经济复苏加速,产业规模有望加速增长。

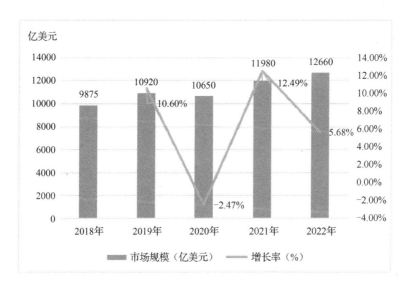

图 1-1　2018—2022 年全球安全应急产业市场规模及预测(单位:亿美元)
(数据来源:赛迪智库整理,2021 年 4 月)

从不同地区安全应急产业规模来看,2020 年美国安全应急产业规模大概在 2280 亿美元,德国该产业规模大概在 112 亿美元,日本该产业规模大概在 970 亿美元,英国该产业规模大概在 93 亿美元。从不同行业领域来看,在著名咨询机构 Homeland Security Research Corporation(HSRC)发布的《Homeland Security & Public Safety (with COVID-19 & Vaccines Impact) Global Markets 2021-2026: A Bundle of 15 Vertical, 22 Technology & 43 National Markets Reports, 377 Submarkets》(《国家安全和公共安全的全球市场(包括新冠状病毒感染/疫苗接种的影响):所有 15 个行业,22 种技术,43 个国家和 377 个子市场的分析(2021—2026)》)

报告中指出,由于新冠肺炎疫情的原因,全球国土安全和公共安全市场从 2020 年到 2021 年正在迅速萎缩,2020 年市场规模大概在 4750 亿美元(图 1-2),到 2026 年预计将增长到 6580 亿美元。根据前瞻产业研究院的报告显示,2019 年全球安防产业总产值达到 3600 亿美元,2020 年由于受到新冠肺炎疫情的冲击,安防产业规模有所下降,为 3520 亿美元。根据 Juniper Research 的研究报告数据显示,全球智能安防市场规模将从 2018 年的 120 亿美元增长到 2023 年的 450 亿美元,年复合增长率高达 30.26%。

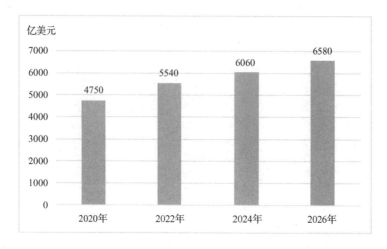

图 1-2　2020-2026 年全球国土安全和公共安全市场规模及预测(单位:亿美元)
(数据来源:Homeland Security Research Corporation,2021 年 4 月)

二、应急医疗物资需求迅速增长

受新冠肺炎疫情的影响,应急医疗物资需求呈几何倍数增长,病毒检测试剂、医用口罩、医用防护服、呼吸机、红外体温计等产品更是各国抗击疫情的急需物品。为了迅速控制疫情,对应急医疗物资的审批采取了"特事特办"的原则,如欧盟在 2020 年 3 月发布了疫情期间针对医疗器械和个人防护用品的合格评定和市场监管程序的建议,其中要求如未完成合格评定程序,市场监督机构确定产品符合医疗器械的基本安全和性能要求的,产品可在一定时间内进行销售,同时继续完成其合格评定过程。美国食品药品监督管理局于 2020 年 3 月 24 日签发了针对非

NIOSH 批准的 N95 一次性过滤式面罩呼吸器的紧急使用授权,无须 FDA 介入的 PPE 类型,EUA 申请可提交至 FDA 进行审查,以简化流程,缩短拿到批准的时间。同时,各国均大力支持本地应急医疗物资生产、扩产、转产等。

受此影响,部分应急医疗物资市场规模大幅度提高,如 2020 年全球口罩市场规模已经达到了约 1300 亿美元,其中医用口罩规模约为 850 亿美元,占比约 65%;医用手套市场规模约 80 亿美元,市场容量约 8400 亿只,较 2019 年增长了约 3 倍。随着疫情的持续好转,应急医疗物资的市场需求会趋于平稳,较疫情前相比,伴随人们防护意识的增强、国家和家庭储备常态化,其市场规模有望持续增长。

三、安全应急服务行业发展迅猛

安全应急服务是安全应急产业的重要组成部分,检测与认证、评估与评价、管理与技术咨询、产品展览展示、教育培训与体验、应急演练演示等各类服务的快速发展,是提升整体安全应急能力的有力保障。随着人们安全需求不断提升、政府决策专业化进程的加快,安全应急服务在产业链中的地位正在不断提升,"企业购买服务""政府购买服务"等模式逐渐得到推广。

2019 年,全球安全检验检测的市场规模约 67.7 亿美元,预计从 2020 年到 2027 年将以 6.7%的年复合增长率增长,2027 年将达到 110.4 亿美元。行李、人员、车辆、危险物品、产品的安全检测和识别将是市场规模增长的重点。安全检测检验有助于识别威胁,以保护公共场所、建筑、企业和其他地方免受各类事故伤害。用于安全检查的各种技术有生物识别技术、X 射线、爆炸物痕迹探测器、电磁探测器等已在安全检验检测产品上广泛应用。

以著名咨询机构 Homeland Security Research Corporation(HSRC)发布的《Investigation And Security Services》报告显示,由于受到新冠肺炎疫情影响,2020 年全球调查和安全服务(包括安防、保全、传统安全应急服务等)市场规模为 1.1 万亿美元,到 2027 年将达到 1.3 万亿美元,2020—2027 年期间的年复合增长率为 3.2%。报告中分析未来几年由于受到疫情和经济危机影响,安全系统服务未来 7 年的年复合增长率为 2.9%，这一细分市场目前占全球调查与安全服务市场的 44.9%。

第三节 发展特点

一、智慧化成为产业发展的一大趋势

当前，世界工业正处于制造业深度变革与数字经济浪潮的交汇点，信息技术在安全应急产业各领域的融合应用正在从以各类数据的全面互联监测为基础，逐步向深度分析与智能决策优化演进，推动产业实现产品创新、模式创新与业态创新。一是信息技术与传统安全应急产业相结合产生新的产品形式和解决方案。例如，目前世界多家企业均可研发各种类型的消防机器人，其采用集智能移动平台和自动消防炮为一体，迅速发现火情、精确定位火源，工作人员可在远程（控制室）或现场（通过现场控制盘、无线遥控器）对消防机器人进行控制，在火情复杂、未知危险系数大的情况下，既可以保证人员生命安全，又能提升救火效率。二是信息技术的深度应用改变了传统消防安全服务工作模式。例如，智慧消防系统平台的面世，打破了原有的消防工作以"消"为主的格局，转变为现在的以"防"为主的模式，智慧消防则是从基础层面把以往的消防设备、消防预警器材和互联网连接起来，从而实现消防的信息化、数据化、智能化，能够做到实时监控动态的消防安全信息，及时发现火情，并且智能分析、规划最优救援路径，将事故处理的临界线消灭于萌芽状态，大大降低安全隐患。三是新技术新产品应用催生一系列以数据为基础的新业态。例如专业救援队伍、社会公众通过 VR/AR 的沉浸式体验技术感受火灾、爆炸等各类突发事件，再通过动作识别技术与仿真环境进行智能互动，催生了新型安全培训服务业态。

信息技术的融合创新应用为安全应急产业的发展带来三方面影响。一是拓展了应用的时空范围，通过对突发事件事前、事中、事后的全环节覆盖，实现应急管理工作的关口前移，将"被动应急响应"进一步转化"主动安全监测"。二是提高了供给的效率效能，新一代信息技术在复杂环境的信息采集、指挥决策以及装备产品集成优化创新方面具有独特优势，推动实现传统安全应急装备的优化升级，提高安全与应急保障

能力。三是优化了供需适配精度。新一代信息技术使得企业得以更全面、系统地把握装备健康安全运行态势，定位潜在风险与管控薄弱环节，实现风险精细管理、需求精准识别、供给精确匹配。

二、个人及家庭安全应急产业市场规模越来越大

例如在自然灾害频繁发生、公众防灾意识普遍较强的社会背景下，日本的防灾应急已成为常态，突出表现为家庭、个人常备"防灾应急包"，体积不大但品种繁多、功能齐全，覆盖灾时应急的基本需求，其精细化、人性化的细节设计和功能设置为群众提供有效帮助。市场研究预测，2019 年全球智能个人及家庭安全应急装备市场规模为 29 亿美元，预计到 2025 年底将超过 55 亿美元，预测期内年复合增长率为 11%。其中，北美市场份额最大，为 31.2%，市场价值为 9.072 亿美元，将引领市场发展；亚太地区为第二大市场，市场价值为 8.490 亿美元，并将以 13.5% 的最高年复合增长率增长。智能头盔、智能腕带、心率监测器和其他设备的使用将进一步开拓智慧健康服务市场。

2020 年全球家庭安全系统市场规模为 520 亿美元，到 2027 年市场规模预计将达到 823 亿美元，以 6.8% 的年复合增长率增长。其中视频监控系统预计将以 7.8% 的年复合增长率增长，并在 2027 年达到 235 亿美元。此外，家庭消防系统，如家庭火灾报警系统、灭火设备等在未来 7 年期间的年复合增长率将为 7%。2020 年，美国的家庭安全系统市场已达到 141 亿美元。中国是世界第二大经济体，预计到 2027 年家庭安全系统市场规模将达到 181 亿美元，2020 年至 2027 年的年复合增长率为 10.4%。其他值得注意的地区市场包括日本和加拿大，它们预计在 2020—2027 年期间将分别增长 3.7% 和 6.1%。在欧洲，德国的家庭安全系统市场年复合增长率预计为 4.3%。

三、立足本土优势打造具备强竞争力的产品

全球各大安全应急装备生产企业，以发挥区位优势为原则，整合现有的自然资源、地理位置、交通条件、工农业基础、科技水平等方面的优势条件，将其融入产业发展中，如德国曼集团（MAN）作为重型卡

车和特种车辆的产品制造商，发挥其在车辆制造方面的传统优势，在应急产业中从事消防、军用、商用特种救援车的研发和生产，现已成为德国联邦技术救援署（TechnischesHilfswerk，THW）救援车装备的重要供货商之一，在民间应急救援中发挥重要作用。应急产品竞争力是应急产业发展的长远支撑，需要立足本土、接轨全球的蓝图设计。

此外，在政府协助及市场导向的条件下，企业纷纷采取融合发展战略，将安全应急产业与关联行业有机融合，尤其是与机械装备、医药卫生、轻工纺织、信息通信、交通物流、保险租赁等协同发展，以安全应急需求带动关联行业发展，用相关行业成果推动产业发展，如我国部分企业将5G技术融入无人矿山机械行业，包括无人挖掘机、无人钻机、无人驾驶纯电动矿用自卸车，接受无人矿山调度系统的统一调度，成功实现了矿区钻、铲、装、运全程无人远程操作。

第二章

2020年中国安全应急产业发展状况

第一节 发展情况

一、安全应急产业进入融合发展新阶段

安全应急产业是为自然灾害、事故灾难、公共卫生事件、社会安全事件等各类突发事件提供安全防范与应急准备、监测与预警、处置与救援等专用产品和服务的产业。安全应急产业是在原安全产业和应急产业的基础上整合而来的。安全产业是为安全生产、防灾减灾、应急救援等安全保障活动提供专用技术、产品和服务的产业；应急产业是为突发事件预防与应急准备、监测与预警、处置与救援提供专用产品和服务的产业。安全产业侧重于安全保障，主要是应用"先进技术装备"来"保障""安全生产"等活动，提高企业本质安全水平，具有"主动安全"的作用；应急产业侧重应急处置，主要是利用"专用产品"夫"处置""突发事件"，在突发事件中进行应急处置，具有"被动安全"的色彩。安全产业以"主动安全"之势向外扩展，可有效减缓应急产业所承担的"被动安全"的压力；而应急产业凭"被动安全"之态向前延伸，将事故预防与安全防护有机结合，及时预警预测各种风险和隐患，与安全产业的"主动安全"具有异曲同工之效。两者相辅相成，既有侧重，又相互包容。

2020年，为加强对安全产业、应急产业发展的归口、统筹指导，工信部将安全产业和应急产业整合为安全应急产业，并在《关于进一步加强工业行业安全生产管理的指导意见》中，明确了安全应急产业发展

和创建国家安全应急产业示范基地的重点任务。同时,现有的国家安全产业示范园区和应急产业示范基地也需要统一审批、命名和指导,《国家安全应急产业示范基地管理办法(试行)》也将应时出台。

二、疫情防控要求给产业发展带来新机遇,产业规模不断扩大

2020年,在以习近平同志为核心的党中央坚强领导下,我国统筹推进疫情防控和经济社会发展工作取得了显著成绩,疫情防控和经济恢复都走在世界前列。我国制造业已连续11年稳居世界第一,在抗击疫情过程中,应急医疗物资从严重短缺,到后来为全球提供防疫物资,我国强大的工业体系发挥了重要作用。习总书记提出"健全统一的应急物资保障体系,把应急物资保障作为国家应急管理体系建设的重要内容"。安全应急产业发展肩负着提高我国应急物资保障能力的重任,面临着重大的发展机遇与挑战。立足现有产业基础,瞄准应急物资储备当前薄弱环节和未来需求,大力提高应急物资生产和技术储备能力。以应急物资储备设施建设带动现有的安全应急产业发展,引导产业布局更加合理,应急保障更加有力。

2020年,我国安全应急产业发展迅速。通过分析我国安全应急产业上市企业规模及占总体产业规模的系数,全年我国安全应急产业总产值15231亿元,较2019年增长约15%。此外,我国从事安全应急产品生产的企业已超过5000家。其中,制造业生产企业占比约为60%,服务类企业约占40%。从区域来看,东部沿海地区安全应急产业规模相对较大,销售额稳步增长,利润丰厚,竞争力强,引领区域安全应急产业快速发展。中西部地区安全应急产业也具有一定的发展基础,东强西弱的产业格局逐步减弱。

三、国家政策持续利好推动安全应急产业发展

2020年10月,党的十九届五中全会审议通过的《中共中央关于制定国民经济和社会发展第十四个五年规划和二〇三五年远景目标的建议》就"统筹发展和安全、建设更高水平的平安中国"提出明确要求、

做出工作部署。习近平总书记指出:"安全是发展的前提,发展是安全的保障"。必须坚持统筹发展和安全,增强机遇意识和风险意识,树立底线思维,这将是各级各部门做好安全应急产业发展工作的主基调。

2020年6月,工业和信息化部正式发布《关于进一步加强工业行业安全生产管理的指导意见》(工信部安全〔2020〕83号),首次提出要推动安全应急产业加快发展,明确指出要加强安全应急关键技术研发、提升安全应急产品供给能力、加快先进安全应急装备推广应用。安全产业和应急产业具有相同的业态属性,融合发展是大势所趋。多年来,安全产业和应急产业的不断发展,推动了预防和救援两方面的产业进步,也提高了我国安全和应急保障能力。工信部安全司作为培育和发展安全应急产业的牵头部门,在三定方案中明确规定"指导安全产业发展,统筹协调应急产业发展,承担应急产业发展协调机制有关工作"。未来,随着安全应急产业调整到位,将给安全生产、防灾减灾和应急救援的保障工作带来新局面。

2020年12月,工信部、国家发展改革委、科技部三部门联合印发了《安全应急装备应用试点示范工程管理办法(试行)》(工信厅联安全〔2020〕59号),明确指出:为推动先进安全应急装备科研成果工程化应用,提升全社会本质安全水平和突发事件应急处置能力,科学有序开展安全应急装备应用试点示范工程。安全应急装备是为安全生产、防灾减灾、应急救援提供的专用产品,主要围绕保障安全及自然灾害、事故灾难、公共卫生、社会安全等四大类突发事件预防与应急处置需求,探索"产品+服务+保险""产品+服务+融资租赁"等应用新模式,加快先进、适用、可靠的安全应急装备工程化应用。

2020年12月,《国家安全应急产业示范基地管理办法(试行)》(以下简称《管理办法》)公开征求意见。《管理办法》从产业构成、创新能力、发展质量、安全环保、发展环境、应用水平等六方面,详细考察了申报单位在安全应急产业领域的经济体量、企业情况、科创能力、产业质量、特色优势、宏观环境、应用保障等内容,客观反映出申报单位各方面情况。《管理办法》的出台是加强已有的国家安全产业示范园区和应急产业示范基地统一管理的基础,既是对前期基地(园区)创建工作的总结,也是进一步规范安全应急产业基地(园区)发展的需要,对于促进安全应急产业集聚发展具有重要意义。

四、应急物资区域布局推动示范基地（园区）进一步建设

经过多年的培育和发展，我国安全应急产业已经形成了"两带一轴"的总体空间格局，即东部发展带、西部崛起带和中部产业连接轴。在国家政策支持下，目前，全国先后有 11 个园区通过了国家安全产业示范园区（含创建单位）的批复或评审，20 个产业基地获批为国家应急产业示范基地，其中，徐州高新区和合肥高新区都同时享有"国家安全产业示范园区"和"国家应急产业示范基地"两个荣誉称号。此外，在建或已建的产业基地还有 10 多家。这些基地（园区）建设已初具规模，发展迅速，见表 2-1。这些园区和基地分布广泛、特色鲜明，在推动产业集聚发展中发挥了重要作用。通过两大产业整合发展，将调动地方积极性，优化现有示范基地（园区）发展水平，以便区域安全和应急保障能力分布更加平衡，更加合理。

表 2-1 我国部分安全应急产业示范基地（园区）发展情况

序号	基地（园区）名称	创建时间	所在地	发展特色
1	徐州安全科技产业园	2013 年	江苏徐州	矿山安全、危化品安全、建筑消防、公共安全、交通安全
2	中国北方安全（应急）智能装备产业园	2014 年	辽宁营口	以矿山安全（应急）装备制造为主，以危险化学品、交通运输等领域安全（应急）装备制造和安全（应急）装备的运输、市场贸易为辅
3	合肥高新区安全产业园	2015 年	安徽合肥	交通安全、矿山安全、火灾安全、信息安全、电力安全
4	济宁高新区安全产业园	2017 年	山东济宁	应急救援、矿山安全、安全车辆、安全服务
5	粤港澳大湾区（南海）智能安全产业园	2018 年	广东佛山	智慧安防、智能工业制造及防控设备、安全服务、新型安全材料、信息安全、车辆专用安全设备
6	长三角（如东）安全产业园	2019 年	江苏南通	个体防护装备为主，先进安全材料、检测与监控设备、应急救援装备、安全服务为辅

续表

序号	基地（园区）名称	创建时间	所在地	发展特色
7	长春经开区安全产业园	2019年	吉林长春	汽车安全技术与装备为主，先进应急保障技术与装备、智慧安防和安全服务为辅
8	中国温州安全（应急）产业园	2019年	浙江温州	智慧电气安全技术与装备、应急医疗物资与服务、智慧消防安全设备
9	华南（肇庆）安全产业园	2019年	广东肇庆	工业安全防护装备、环境安全产品、车辆安全专用设备、防灾减灾产品、信息安全、安全服务
10	随州市	2015年	湖北随州	应急专用车辆制造基地
11	四川省德阳市	2017年	四川德阳	关键基础设施检测、监测预警、应急动力供电、低空应急救援、特种机应用和工程救援
12	新疆生产建设兵团乌鲁木齐工业园区	2017年	新疆兵团	以应急救援与安防产业为核心，以先进装备制造、健康医药、电子信息产业、节能环保等产业为重点
13	唐山市开平应急装备产业园	2019年	河北唐山	矿山监测预警、工程抢险装备和应急防护装备
14	常州市溧阳经济开发区	2019年	江苏常州	防护产品、救援处置产品、智能化应急产品、柔性化应急防护材料
15	赤壁高新技术产业园区	2019年	湖北赤壁	应急交通工程装备、消防处置救援装备与应急服务

资料来源：赛迪智库整理，2021年4月。

第二节 存在问题

一、产业发展的推进机制尚需建立健全

首先，安全应急产业前瞻性、系统性的顶层设计不足。安全产业和应急产业融合发展，是大势所趋。由于学术界对之前安全产业和应急产业两大产业的本质内涵、分类体系不清晰、不统一，对合并后的安全应急产业也缺少专门的统计口径，主管部门无法对该产业进行科学的管

理，对哪些细分领域的产能是否过剩也缺乏一个整体的认识。

其次，政策落实相对滞后。《关于进一步加强工业行业安全生产管理的指导意见》是行业主管部门将两大产业整合后首次公开相关信息的政策文件，对安全应急产业发展具有重要意义。此前虽有各自领域的相关政策，但新整合的产业目前仍缺少符合新趋势、针对新特点的科技创新、区域布局优化、先进产品推广应用等方面的政策支持，急需制定出台进一步的配套细化政策措施，指导安全应急产业加速发展。

二、安全应急技术和装备较为落后

一是部分国产大型、关键性安全应急装备难以满足复杂的条件需要。例如，城市高层建筑灭火装备不足。我国举高消防车的工作高度范围为20米至100米左右，难以满足高层建筑灭火救援的要求。消防装备建设不适应现代火灾的需求，尤其是针对高空、地下、水上等特殊火灾现场，更是望火兴叹。

二是关键设备依赖进口。如航空应急救援装备、高端消防救援装备、矿山井下关键救援装备、安全监测检测仪器、防护装备等基本被国外企业垄断；某些看起来较为先进的国产装备，实际上是国外零配件的组装，企业进行"攒机"的现象较为普遍。

三是企业安全生产自动化、智能化程度不高。例如：监控范围小，对重点人员和部位覆盖面不足；监控系统警示和报警没有完全实现自动化，"电脑+人眼+电话"的模式，监视作用大，防范功能差；技术水平参差不齐，很多单位的系统和装备使用多年没有更新或升级，既没有运用先进信息技术更新换代，也无法满足不断变化的安全需要，甚至形同虚设。

三、企业竞争力不足，缺少领军企业

龙头企业因其技术含量高、效益好、整合性强、带动效应明显等特征，具有较强的集聚效应，然而，我国安全产业集中度较低。以消防产业为例，当前，我国消防产业"大市场，小企业"特性显著，消防企业已超过6000家，有50%以上的企业年收入在500万以下，市场集中度极低，单一大型消防企业的市场占有率不足 1%，前 30 强企业总市场占有率不到 10%。即使如中国消防、青鸟环宇消防等龙头企业，也远没有达到行业主导或者垄断的地位。与此形成对比的是，美国消防产业市场集中度高，排名前三位的消防龙头企业分别为泰科 Tyco、霍尼韦尔 Honeywell 和美国联合技术公司 UTC，三家企业年销售总额约 100 亿美元，市场占有率超过 30%。面对国内巨大的市场需求和国外全球性大公司的竞争，我国安全产业的集中度有待提高，企业分布需要适当聚集。

四、基地（园区）发展建设尚不完善

首先，发展建设不够规范。目前，部分应急产业园区创建质量和规范化程度等方面存在不足，未来通过两大产业整合发展，不断突出规范化、特色化和产业链建设，有利于优化现有示范基地（园区）发展水平，优胜劣汰。

其次，同质化建设较为严重，造成资源浪费。已有的基地（园区）多集中在产品制造方面，尤其是预警产品、应急救援产品，安全应急服务业和其他行业领域的产品十分缺乏。特别是部分基地为短期内形成大规模产能，基本上延续了"投资驱动"和"规模扩张"的老路，对规划项目定位不准，区域的资源要素分析不清，建设相对盲目，致使基地建设同质化现象非常严重，特色化不明显。

最后，产业关联度小，配套设施不足。当前，多数基地（园区）企业和机构仅仅是实现了地理上的集中，彼此间的产业和技术关联不强，多向产业下游应用端延伸，向上游研发端延伸较少，尚未形成产业链的上下游配套关系，技术和信息等方面的资源也无法共享，造成了集而不群的现象。

第三节　对策建议

一、建立健全安全应急产业发展的顶层设计

一是组织开展基础研究工作。安全应急产业是一个跨行业、跨部门的复合产业，根据发展的新情况、新要求，理清产业的属性、特点和范

畴，划清具体的产品、技术、服务范围，加强安全应急产业的科学统计。

二是完善相关的政策措施。在国家科学技术发展、工业转型升级、振兴装备制造业等领域加大安全应急产业的优惠政策；由于安全应急产品具有公共属性，其市场需求波动性大，需制定专用安全应急产品的生产能力储备、企业代储等政策，以降低政府储备成本，同时也能够对企业给予适当的支持和补贴；支持重大安全应急创新装备纳入《首台（套）重大技术装备推广应用指导目录》；加快建立巨灾保险制度。将保险纳入航空安全救援、医疗紧急救援等灾害事故防范救助体系。

二、支持关键安全应急技术研究和产业化

一是加强关键安全应急技术研究。建立政产学研用相结合的科技创新体系，着力解决制约我国安全应急技术和装备发展的共性、关键技术难题。通过相关科技计划（专项、基金）和配套政策，加大互联网、大数据、人工智能和实体经济深度融合，重点加强灾害防治、预测预警、监测监控、交通安全、安全服务等关键技术的研发。推动特种机器人在危险场所广泛应用。

二是支持安全应急技术产业化。尽快出台《安全应急技术和产品指导目录》，重点支持安全领域新技术、新产品、新装备的产业化，逐步形成一批集成性强、技术含量高、市场容量大、应用广泛、社会经济效益显著的核心技术和拳头产品。

三是推进产业技术创新和成果转化。围绕提高突发事件处置的高效性和专业性，重点发展高精度灾害监测预警、消防救援、智能无人安全救援装备、先进社会安全保障产品等安全产品；健全科技成果评估和市场定价机制，提升自下而上提高安全科技创新和成果转化效率。

三、提高企业竞争力，打造龙头企业

一是鼓励有实力的大型企业通过参股、控股或兼并等方式进入安全应急装备生产领域，加快形成一批具有产业优势、规模效应和核心竞争力的大公司、大集团。企业可根据自身资源禀赋，与各种实力比较强大的供应商或同行，在不同程度上展开合作，建立纵向或横向的企业联盟，

整合上下游产业，推进原材料、生产、销售、服务等全链条发展。

二是通过支持一批龙头企业发展壮大，加强配套服务，完善产业链条，形成聚集效应，以降低企业成本和刺激创新。结合当前市场和企业运行状况，通过行政、法制、市场的有机结合，推进企业兼并重组。通过并购具有专利技术的竞争对手，迅速获得先进的消防技术，促进资源的优势互补，进一步提高企业的整体实力和竞争力。

四、因地制宜，积极塑造特色基地（园区）

一是主动对接当地产业优势和安全应急需求。依托地区现有工业基础和支柱产业优势，主动寻求安全应急产业与地区优势的融合点，合理选择产业定位，确保基地在国内占领优势领地，并争取参与国际竞争。围绕本地区龙头企业，通过补链、延链、强链为主导产业提供专业服务等方式，带动基地的安全应急产业融合发展，形成由"点"（龙头企业）到"线"（产业链）再到"面"（产业集群）的发展路径。

二是协同发展规避同质化竞争。各基地应充分做好前期调研和产业规划，研判政策导向，科学论证产业发展方向和目标，与周边地区协同发展，与其他产业集聚区错位发展。结合实际，选择综合性、专业性等不同的发展模式。

三是完善上下游产业链，加强基础设施建设。建立健全支撑产业设施。围绕产业定位，基地应着力提供适宜研发、生产制造的专业环境，重点完善安全应急技术咨询、检测检验、投融资服务等配套功能，引导和支持产品制造企业延伸服务链条，促进安全应急产品制造业和服务业协同发展。同时，重视完善商业配套、生活配套和生态配套设施，创造宜居生态环境。

领 域 篇

第三章

自然灾害领域

我国是一个灾害多发的国家。依据 2020 年国务院办公厅部署的第一次全国自然灾害综合风险普查工作安排，发生在我国的自然灾害主要类型有水旱灾害，台风、冰雹、雪、沙尘暴等气象灾害，地震灾害，山体崩塌、滑坡、泥石流等地质灾害，风暴潮、海啸等海洋灾害，森林和草原火灾等。

第一节 基本情况

2020 年，我国气候年景偏差，主汛期南方地区遭遇 1998 年以来最严重汛情，自然灾害以洪涝、地质灾害、风雹、台风灾害为主，地震、干旱、低温冷冻、雪灾、森林草原火灾等灾害也有不同程度发生，全年各种自然灾害共造成 1.38 亿人次受灾，591 人死亡失踪，589.1 万人次紧急转移安置；10 万间房屋倒塌，30.3 万间房屋严重损坏，145.7 万间房屋一般损坏；农作物受灾面积 19957.7 千公顷，其中绝收 2706.1 千公顷；直接经济损失 3701.5 亿元。与近 5 年均值相比，2020 年全国因灾死亡失踪人数下降 43%，其中因洪涝灾害死亡失踪 279 人、下降 53%，均为历史新低。

2020 年全国自然灾害主要特点有：主汛期南方地区遭遇 1998 年以来最重汛情，洪涝灾害影响范围广，人员伤亡较近年显著下降；风雹灾害点多面广，南北差异大；台风时空分异明显，对华东、东北等地造成一定影响；干旱灾害阶段性、区域性特征明显；森林草原火灾呈下降趋势，时空分布相对集中；地震强度总体偏弱，西部发生多起中强地震；低温冷冻和雪灾对部分地区造成一定影响。

2020 年我国十大自然灾害，见表 3-1。

表 3-1 2020 年我国十大自然灾害

序　号	时　间	自然灾害事件
1	2020.07	长江淮河流域特大暴雨洪涝灾害
2	2020.08	川渝及陕甘滇严重暴雨洪涝灾害
3	2020.06	江南华南等地暴雨洪涝灾害
4	2020.06	西南等地暴雨洪涝灾害
5	2020.08	第 4 号台风"黑格比"
6	2020.05	云南巧家 5.0 级地震
7	2020.01	新疆伽师 6.4 级地震
8	2020.08-09	东北台风"三连击"
9	2020.04	华北西北低温冷冻灾害
10	2020.03-05	云南春夏连旱

数据来源：应急管理部，2021 年 4 月。

第二节　发展特点

一、政策加码，自然灾害预防和应对相关产业日益受到重视

2018 年，中央财经委员会第三次会议对提高我国自然灾害防治能力做出全面部署，习近平总书记强调，加强自然灾害防治关系国计民生，要建立高效科学的自然灾害防治体系，提高全社会自然灾害防治能力，为保护人民群众生命财产安全和国家安全提供有力保障；为落实以上部署，2020 年 6 月，国务院办公厅下发了《关于开展第一次全国自然灾害综合风险普查的通知》，定于 2020 年至 2022 年开展第一次全国自然灾害综合风险普查工作，这项工作将为我国经济社会可持续发展的科学

布局和功能区划提供科学依据,也将为我国开展自然灾害风险防范应对工作提供重要支撑;2020年12月,工业和信息化部办公厅、国家发展和改革委员会办公厅和科学技术部办公厅联合印发《安全应急装备应用试点示范工程管理办法(试行)》,拟在自然灾害、事故灾难、公共卫生、社会安全等四大类突发事件涉及的行业或领域开展应用试点示范,具体包括自然灾害防治、重点行业领域生产安全事故预防与应急处置、重大传染病疫情防治、城市公共安全等,积极支持"公共安全风险防控与应急技术装备"国家重点研发计划、自然灾害防治9项重点工程等国家专项支持形成科研成果的研发单位牵头申报,三部委将对示范工程建设和推广予以支持;2021年4月25日,国务院办公厅发布《关于加强城市内涝治理的实施意见》(国办发〔2021〕11号),要求统筹城市水资源利用和防灾减灾,逐步建立完善防洪排涝体系,形成流域、区域、城市协同匹配,防洪排涝、应急管理、物资储备系统完整的防灾减灾体系。在政策加码下,全国掀起了应对自然灾害行动的热潮。

二、先进技术和装备应用为传统自然灾害应对打开新思路

智慧气象通过云计算、物联网、大数据等新技术的深入应用,使气象系统成为一个具备自我感知、判断、分析、选择、行动、创新和自适应能力的系统,使气象业务、服务、管理活动全过程都充满智慧(见图3-1)。我国是一个灾害多发的国家,在频繁发生的自然灾害中,气象灾害约占70%。随着科学技术的发展,尤其是物联网、大数据、人工智能等高新技术的发展,为气象灾害的监测、预报预警工作提供了科学化、智能化的技术支持,运用现代科学技术建立起来的各种预警系统在我国减灾工作中发挥着越来越重要的作用,为防灾减灾工作提供了充分的科学依据。为加快推进智慧气象建设,国家气象局积极响应政府号召,着力运用新一代技术手段,全面、深入、扎实地推进全国气象防灾减灾可视化监控管理平台建设。该平台系统集成各省自动气象站数据、多普勒雷达数据、气象卫星数据和数值预报等数据,提供气象综合态势监测、气象灾害监测、突发事件监测、预警设施状态监测、涉灾单位监测等主题,对全国气象防灾减灾监控信息、重点涉灾单位、预警发布设施状态、

灾害责任人等要素进行全面监测，可随时查看各省份气象信息，全面展现气象运行发展态势"一本账"辅助管理者提高气象灾害预警、响应、防治效能。

图 3-1　智慧气象大屏可视化决策系统

北斗凭借其精准定位、授时，以及短报文通信功能广泛应用于灾害监测预警和应急抢险。2020年，随着"北斗三号"组网成功，北斗应用和灾害监测预警、应急抢险的结合日益密切，在能源电力领域的应用探索也更加深入。2020年入汛后，长江流域防汛形势严峻，供电企业面临较大保电压力。在电力防灾减灾、应急抢修方面，北斗及地理信息系统释放出了前所未有的潜力和能量，为电力灾害预警、应急抢险提供了强有力的技术支撑。在灾害预警方面，北斗地质灾害监测系统实现了实时监测地质灾害，在灾害发生的第一时间就能准确监测，并发出告警信息，该系统基于电力北斗地基增强基站，通过在地质不稳定区域建设北斗监测站，并将二者的卫星观测数据实时发送至监测平台进行处理解算，实现对杆塔倾斜沉降情况的预警。预警程度分为黄、橙、红三级，监测精度可达到毫米级，为电力设备地质灾害监测工作提供有力的技术支撑。在防汛预警方面，"网上电网汛期专题微应用"可以在汛期来临前，根据降雨量进行水位上涨模拟，评估受影响范围，方便电力企业提前组织人员进行防汛保电安排，减少电力设备设施受损，为应急避险和灾害抢修提供信息化支撑和决策依据，改变了以往河流湖泊水位上涨后才开展防汛保电工作的模式，防汛工作由被动抢险向主动预防转变，由减轻灾害损失向降低灾害风险转变。未来，在电网自然灾害动态监测、预报预警、灾害信息获取、应急通信、应急指挥调度等方面，不同形式的北斗终端将通过与应急抢修调度平台有效整合发挥重要作用，在应急抢险工作中分秒必争，切实提高抢险救灾信息传递的时效性和准确性，助力应急抢险部门科学规划抢修路线、合理分配救援力量，最终提高抢修效率。

VR（虚拟现实）技术的到来为防灾减灾科普教育工作开启了新的方式。利用VR技术，让体验者在安全的环境下体验和学习操作，通过具象化的视、听、体感等多维度沉浸式学习，降低培训教育成本，提高学习效率。VR地震科普、VR台风模拟、VR泥石流模拟、VR沙尘暴避险、VR海啸避险、VR救援模拟等VR自然灾害科普教育和演练系统适合的群体及领域广阔，可以应用在自然灾害主题科普教育基地、安全相关机构、主题展厅、展览馆、学校、减灾应急中心等场景，通过寓教于乐的方式让体验者全身心融入，学习防灾减灾知识和逃生技巧。

三、现行减灾救灾标准陈旧且大部分侧重于灾后应对，减灾标准缺失

与减灾救灾新技术飞速发展不相适应的是，我国减灾救灾国家/行业标准体系建设起步晚，领域覆盖不全且整体滞后，亟待完善更新。国家减灾网显示，我国减灾救灾国家标准共有16项，最早出台的减灾救灾国家标准发布于2009年，共三项，2011—2012年，12项标准密集出台，基本集中于自然灾害遥感专题图制作要求（5项）和自然灾害灾情统计（2项），最新的一项减灾救灾国家标准发布于2016年，至今已有5年时间没有新的国家标准出台。减灾救灾行业标准自2010年陆续出台，共计31项，整体滞后于国家标准建设步伐，半数以上为救灾帐篷（8项）、被服（4项）和装具（5项）相关标准

四、社会力量正在自然灾害应急工作中发挥越来越重要的作用

社会应急力量具有贴近基层、组织灵活、行动迅速、便于展开等优势。随着近年来我国经济社会快速发展，社会应急力量参与应急救援工

作的热情持续高涨,社会责任感不断增强,在生命救援、灾民救治、秩序维护、心理抚慰、物资筹措等方面,作用发挥日益明显,已成为应急救援体系的重要组成部分。2020年,社会力量积极参与了抗洪抢险、防汛抗旱等自然灾害应急工作,应急管理部专门组织了全国骨干社会应急力量培训,开设地震、山岳、水域、交通事故救援等领域理论与实操课程,由浙江省消防救援总队、贵州省消防救援总队、中国地震应急搜救中心选派的示范示教队负责具体教学工作,通过全流程实操、现场展演等形式,将体能、技能、战术、心理等训练穿插融合,让练兵备战更科学、更高效。辽宁、山东等地也推出多项措施推动社会应急力量有序发展、高质量发展。2019年1月,为解决困扰社会应急力量的通行保障问题,确保社会应急力量前往灾区的通行高效通畅,快速、有序参与应急救援工作,应急管理部会同交通运输部联合发布了《关于做好社会力量车辆跨省抢险救灾公路通行服务保障工作的通知》(交公路发〔2019〕3号,以下简称《通知》)。2020年3月27日,社会应急力量参与抢险救灾网上申报系统(以下简称"申报系统")正式上线运行。《通知》的印发和申报系统的上线运行,将为社会应急力量免费公路通行提供政策依据,有利于进一步简化工作流程,提高通行效率,为社会应急力量参与应急救援工作提供有力服务保障,有利于最大限度调动广大社会应急力量参与应急救援工作的积极性;同时,对规范引导社会应急力量有序参与应急救援工作,统筹指挥调度各类应急救援资源,构建"政府主导、社会协同"的大应急格局具有重要意义。

五、森林火灾事故多受人为因素影响,消防手段升级需求迫切

和水旱灾害、气象灾害、地震灾害、地质灾害等类型的自然灾害基本为"天灾"不同的是,有相当数量的森林火灾直接由人为因素引起,多属于"人祸"。从时段上看,每年的2月到5月是我国森林草原火灾高发期,期间春耕生产、上坟烧纸、野外踏青等林内活动频繁,导致火灾起数加剧,2020年2月至5月共发生780起森林火灾,接近全年总数七成。森林火灾突发性强、破坏性大,扑救尤为困难,是世界性难题,在防火端必须加强源头管控及火情早期处理,坚持"打早、打小、打了",

在灭火端则需要及时响应，科学有效灭火。由于气候地形等多种复杂因素，森林草原火灾无法彻底杜绝，避免出现重大人员伤亡是森林消防安全必须坚持的底线思维。2020 年，全国发生森林火灾 1153 起，见图 3-2，其中，重大森林火灾 7 起，未发生特大森林火灾，比上年减少 1192 起，同比下降 50.83%，受害森林面积 8526 公顷，比上年减少 4979 公顷，同比下降 36.87%，见图 3-3。与近年均值相比，2020 年森林草原火灾发生起数、受害面积和造成伤亡人数均降幅较大，或与较严格的疫情防控措施限制了人员出行和流动有关。从时段上看，除 2 月至 5 月人为引发的森林火灾集中爆发外，7 月份雷击火集中，全年因雷击引发森林火灾 130 起，较 2019 年上升 8.3%。从区域看，西南等地火险期叠加干旱，广西、四川、陕西等省（区）森林火灾较多，占全国森林火灾的三成以上。造成较恶劣社会影响的主要有：2019、2020 年连续两年的 3 月 30 日，凉山州西昌市发生森林火灾，分别造成 30 人、19 人丧生，伤亡惨重；2020 年 3 月山西榆社发生森林火灾。

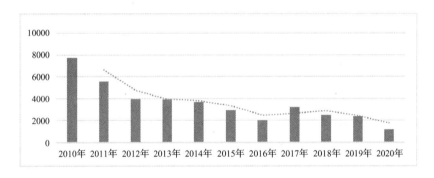

图 3-2　2010—2020 年我国森林火灾发生起数

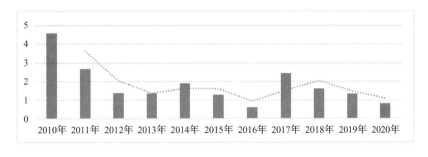

图 3-3　2010—2020 年我国森林火灾受害面积（单位：万公顷）

第四章

事故灾难领域

在我国,突发事件根据发生原因、机理、过程、性质和危害对象的不同分为四大类,即自然灾害、事故灾难、公共卫生事件和社会安全事件。其中,事故灾难主要包括:工矿商贸等企业的安全生产事故,铁路、公路、民航、水运等交通运输事故,城市水、电、气、热等公共设施、设备事故,核与辐射事故,环境污染与生态破坏事故等。进入 21 世纪后,由于我国经济发展所处的特定阶段,生产安全事故频繁发生。本章将重点分析安全生产事故。

第一节 基本情况

一、事故灾难风险形势较为严峻

近几年,我国各类突发事件,尤其是安全生产事故起数和死亡人数虽然呈现下降趋势,但形势依然严峻,各类事故风险挑战仍处于上升期并处于易发多发阶段。在工业方面,钢铁、石化、建材、民爆等安全生产重点行业多次发生较大以上安全生产事故,安全生产压力突出。

2010—2020 年我国国内生产总值与当年安全生产事故起数,见图 4-1。

二、安全生产事故灾难面临新特点

现阶段,我国仍处于工业化、城镇化、现代化的发展过程中,安全生产领域积累不少问题,又面临许多挑战。

一是经济社会发展、城乡发展和区域发展不均衡,社会治理结构不健全,安全生产工作体制机制不完善,全社会科学意识、安全意识、法制意识不强等深层次问题没有得到根本改变。

二是矿山、化工等高危行业比重大,落后工艺、技术、装备和产能大量存在,安全生产基础依然薄弱。

三是新工艺、新材料、新技术广泛应用,新业态大量涌现,生产、建设、经营和社会性活动的规模不断扩大,增加了事故成因的数量,致使技术性与非技术性事故因素聚合,复合型事故有所增多,重特大事故由传统高危行业领域向其他行业领域扩展。

四是新兴产业的安全发展亟待关注。当前,国家重点发展的五大战略新兴产业与四大超前布局战略性产业都对安全发展提出了新的要求。其中,核技术产业等本身就必须将安全作为发展的前提条件,此外,新能源汽车产业等安全因素成为制约其发展的主要瓶颈。

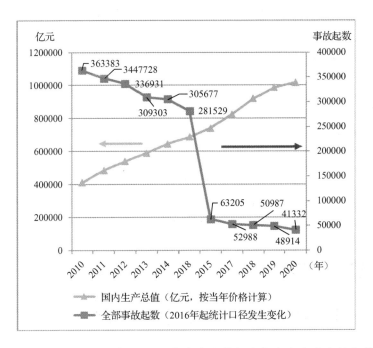

图 4-1　2010—2020 年我国国内生产总值与当年安全生产事故起数
（数据来源：赛迪智库整理,2021 年 4 月）

当前，安全生产事故在总量减少的同时出现重特大事故反弹的现象，也说明了安全生产工作的复杂性、长期性和偶然性。人民群众日益增长的安全愿望与突发时发的工业安全生产事故之间、快速扩大的工业生产规模与较薄弱的安全生产基础条件之间矛盾仍较突出。影响工业安全生产状况的因素十分复杂，既包括社会经济发展水平、总体经济规模、产业结构等经济原因，也包括国家科技发展水平、政策干预、法律法规约束等因素。特别是随着生产工艺的系统化和复杂化，一旦发生事故，其危害程度和伤亡损失都比传统工业更大、更严重。

三、安全生产责任追究力度越来越大

从近年来发生的重特大事故的调查处理情况来看，安全生产责任追究越来越严厉，如山东笏山金矿"1·10"重大爆炸事故，致10人死亡、1人至今失踪，45名相关人员被追责。目前，事故调查报告中责任认定和处理意见都是按主体责任、监管责任、领导责任分别追究。在责任单位认定方面，全部按照事故企业或单位、政府相关部门、各级党委和政府单个层次分类，分别分析存在的问题，认定责任；在对有关责任人员和单位的处理意见方面，根据责任认定，分别提出对事故企业单位、相应职能部门、地方党委和政府的有关责任人员提出处理意见。目前事故报告这种认定责任和对责任人处理意见形式，与以前有很大不同，反映出一个基本理念：凡是影响重大的生产安全责任事故，都要同时追究"三个责任"——企业的主体责任、部门的监管责任、党委和政府的领导责任，缺一不可。涉及分管安全生产工作或者是安全管理部门的负责人，一旦发生重特大事故，必将成为实施责任追究的对象。

第二节 发展特点

一、本质安全水平低是人为事故多发的根源

我国的安全事故情况分析，从表面看，人员素质低是事故多发的主要原因。引发事故的直接原因绝大多数是违章指挥、违章作业、违章驾驶以及超员、超速、超产等。产生上述行为的原因：有些是企业领导没

有树立科学发展、安全发展的理念，受利益驱动，忽视安全；有些是规章制度不健全，监管不到位；有些是教育培训不到位，员工不具备与岗位相适应的安全知识和技能。从根本上看，本质安全水平低是人为事故多发的根源。绝大部分生产安全事故的发生，是由于本质安全水平低、对操作人员素质依赖过高所导致的，而监管手段差，则使得违章违规行为不能被及时发现和制止。

二、安全生产信息化建设有待进一步完善

虽然我国安全生产信息化建设取得了一些成果，但总体上还处在探索阶段，新兴的自动化、信息化技术在工业安全生产中的作用远未得到充分发挥。

一是缺少安全领域信息化建设的总体规划。尚未形成全国、各行业统一有效的信息化建设、管理、运行、维护保障机制，系统化应用比例较低，整体应用水平有待提高。安全生产信息化建设政策、规范和技术标准有待进一步加强。

二是不同行业、不同地区、不同规模企业之间信息化发展水平不平衡。如一些大型企业已经采用，甚至自主开发出较先进的系统，而中小企业则还处于设备数控化改造、安全监控等初级阶段，信息化基础设施和技术管理手段都较落后。

三是相关人员技术素质不足，特别是高危行业企业信息化人员紧缺矛盾突出，既懂生产又懂信息技术的专业化、复合型人才严重匮乏。

四是缺少信息共享机制。各部门、各层级，甚至各企业内部都没有形成规范的、一体化的信息系统，安全生产信息统计分析系统建设普遍缺乏，尚未建立基础信息的共享机制和完备的数据库共享系统，大量的数据信息资源没有得到开发和利用。

三、发展安全应急产业，从预防和治本上下更大功夫

人防、技防和物防作为提高安全保障能力的三大方面，受我国体制优势和传统安全监管方式影响，使人防在降低安全事故发生率、提高应急救援水平等方面发挥了巨大作用，但进一步发挥作用的空间越来

小。而技防和物防能力低，特别是安全技术和装备差、应急救援能力低、安全教育和培训滞后等多重因素，使全社会在安全生产、防灾减灾、应急救援等安全保障活动所需的专用技术、产品和服务的能力严重不足。安全应急产业具有重于防、辅以救的特点，加快发展安全应急产业，可依靠更多先进、高效、可靠、实用的专用技术和产品，建立起源头治理、动态监管、应急处置相结合的长效机制，对切实增强风险管理工作的预见性、针对性、科学性和主动性，实现"关口前移"具有重要意义。

四、依靠科技手段，精准治理重大安全风险

伴随人工智能、物联网、云计算、新材料、区块链等领域的革命性突破，安全应急技术、产品、服务模式呈现持续创新和快速更迭的态势，针对城市建设、危旧房屋、燃气管线、地下管廊等重点隐患和煤矿、非煤矿山、危化品、烟花爆竹、交通运输等重点行业的安全需要，高危场所作业机器人、阻燃防爆新型材料、超高层消防装备、主被动一体化智能汽车安全产品、灾害监测预警、城市安全智慧云平台等一大批先进安全技术与产品争相涌现，为保障生产安全和城市公共安全发挥着积极作用。依靠科技进步，使重大安全风险评估更加科学，应急准备更加充分，监测预警更加精准，处置救援更加有效。

第五章 公共卫生领域

第一节 基本情况

2020年,新冠肺炎疫情在全球大流行。新冠肺炎疫情发生后,在党中央的坚强领导下,全国上下坚定信心、同舟共济、科学防治、精准施策,打响疫情防控阻击战。习近平总书记要求完善重大疫情防控体制机制,健全国家公共卫生应急管理体系,提高应对突发重大公共卫生事件的能力水平。习近平总书记强调,打疫情防控阻击战,实际上也是打后勤保障战,要健全统一的应急物资保障体系,把应急物资保障作为国家应急管理体系建设的重要内容。

作为人民安全和健康的重要物资保障基础,以防护口罩、防护服为代表的应急物资在本次新冠肺炎疫情中受到了前所未有的关注,并迅速成为应急保障和全民防疫的"刚需品",一时间市场需求巨大。在国内外各产业经济普遍下滑的情况下,新冠肺炎疫情防控战客观上为应急物资产业的快速发展提供了历史机遇。

新冠肺炎疫情防控打的是一场后勤保障战,也是一场应急物资保障的遭遇战。由于有关部门缺乏对疫情发生概率的事先评估,防护服、口罩等未纳入国家医药储备重点物资,也没有储备必要的生产能力。疫情发生初期,需求瞬间放大百倍千倍,供需矛盾十分突出。我们凭借体制优势,依靠强大的组织动员能力,在短时间内迅速组织企业复工、达产、扩产、转产,有效保障了供给。

一、产业链体系覆盖行业广泛

根据工信部、国家发改委印发的相关政策文件，疫情期间调度物资主要包括医疗防护用品、消杀用品、医疗药品、专用车辆、检测仪器、医疗器械等六大类产品，横跨纺织工业、化学工业、装备制造业、汽车制造业、软件和信息技术服务业等多个行业门类。本章重点围绕医用防护产品分析产业链发展现状。防疫应急物资产业链图谱，见图5-1。

防疫应急物资产业链			
原材料/元器件	零部件	成品	后端应用
金属材料	医用传输装置	医用防护产品	医院
非金属材料	医用放射装置	医疗设备	医疗机构
化工原料	医用电机	医用运输车	家庭用户
电子元器件	医用传感器	消毒产品	医疗物资储备机构
生物制品材料	医用成像装置	体外诊断产品	
其他原材料/元器件	汽车底盘	治疗药品	
	非织造布		
	其他零部件		

图5-1 防疫应急物资产业链图谱

（数据来源：根据公开资料整理，2021年4月）

从产业链构成来看，医用防护产品产业链较为完整，可分为"原材料—零部件—成品"三个环节。其中，原材料环节主要包括聚丙烯、聚酯等有机高分子材料和碳酸纤维等复合材料；零部件环节以熔喷无纺布、SMS无纺布等织造布为主；成品环节包括医用口罩、医用防护服和隔离护罩等。总体来看，医用防护产品产业链主要涉及纺织业和化学原料及化学制品制造业，产品技术附加值相对较低。依托坚实的石化、纺织、装备工业基础，我国医用防护产品布局实现产业链全环节覆盖（见图5-2）。在原材料环节，拥有安徽琅琊、湖北仙桃、河南新乡、浙江天台和广东西樵等生产基地；在零部件环节，在浙江、山东、江苏、广东和福建等地形成了非织造布产业集聚区。

原材料		零部件		成品	
复合材料	有机高分子材料	眼镜及附件	非织造布	医用口罩	
碳酸纤维	聚丙烯 聚酯	PET防雾卷材及片材	熔喷无纺布	普通医用口罩	医用外科口罩
金属材料	粘胶纤维 聚碳酸酯	PC防雾卷材及片材	覆膜纺粘布	医用防护口罩	
不锈钢	聚甲基丙烯酸甲酯（PMMA）	其他	聚丙烯纺粘布	隔离护罩	医用防护服
其他	塑料膜 明胶	镜架 密封条	SMS无纺布	医用隔离面罩	其他
	羧甲基纤维素钠	水胶体敷料	透气膜	医用隔离眼罩	
	果胶 橡胶	抗静电剂			

图 5-2 医用防护产品产业链图谱
（数据来源：根据公开资料整理，2021 年 4 月）

我国是世界最大医用防护产品的生产国和出口国。在生产方面，2020 年我国口罩产量约为 1025 亿只，年产量占全球约 50%，总产值达 2357.5 亿元，其中医用口罩产值约为 1750 亿元；医用防护服年产量约为 3.75 亿套，产量全球第一。在出口方面，2020 年 3 月至 12 月底，全国海关共验放出口主要疫情防控物资价值 4385 亿元，其中，口罩出口 2242 亿只、价值 3400 亿元，650 亿只是医用口罩，出口量居全球首位。还出口了防护服 23.1 亿件，包括医用防护服 7.73 亿套；护目镜 2.89 亿副，外科手套 29.2 亿双。

（一）医用口罩

医用口罩是此次疫情中重点保障调度的产品，主要用于过滤空气，并阻挡飞沫、血液、体液、分泌物等进出佩戴者的口鼻。根据功能特点的不同，医用口罩可分为普通医用口罩、医用外科口罩和医用防护口罩等。从产业链角度来看，原材料环节主要由聚丙烯、橡胶等组成；零部件环节包括熔喷无纺布、纺粘无纺布、耳带、鼻梁条等产品，其中熔喷无纺布是医用口罩实现过滤防护功能的关键；成品环节主要包括各类医用口罩（见表 5-1）。

表 5-1 医用口罩产品分类

分 类	功 能 特 点
普通医用口罩	用于普通环境下的一次性卫生护理，对花粉等致病性微生物以外的颗粒起到阻隔和防护作用
医用外科口罩	用于有体液、血液飞溅的环境中；安全系数相对较高，对于细菌、病毒的防护作用较强，对于颗粒的过滤则相对较弱
医用防护口罩	一般用于有呼吸道传染疾病的环境中，可过滤空气中的微粒，阻隔飞沫、血液、体液、分泌物等污染物，对非油性隔离的过滤效率可达到95%以上

数据来源：根据公开资料整理，2021年4月。

原材料环节，主要材料聚丙烯供应充分。据公开资料显示，2020年中国聚丙烯产能达2816万吨，较2019年增长15.13%；聚丙烯产量在2554.44万吨，较2019年增长14.30%，能够有效应对各类突发事件对上游原材料的应用需求。零部件环节，熔喷无纺布的产量是医用口罩生产的关键，我国熔喷无纺布产量相对固定且有限，据国家统计局数据显示，全年规模以上企业的非织造布产量达到579.1万吨，同比增长15.8%，其中熔喷无纺布产量约为8万吨。熔喷布产线的关键零部件喷丝板和风机长期依赖进口，产线投资成本高昂，企业投资回报率较低。成品环节，我国已成为全球最大的医用口罩生产国和出口国。总体而言，我国医用口罩产业链呈现"两头强、中间弱"的特点，其中熔喷无纺布的产能上限限制了医用口罩在短时间内实现大规模扩产。

国家药品监督管理局公开数据显示，2019年底，我国拥有医用口罩生产资质的企业共308家，到2020年10月，企业数量激增至2482家，主要分布在广东（280家）、山东（267家）、河南（225家）、江苏（213家）和湖南（193家）等地区。

（二）医用防护服

医用防护服为医务人员在工作时接触具有潜在感染性的患者血液、体液、分泌物、空气中的颗粒物等提供阻隔、防护，是医务人员及进入特定医药卫生区域的人群所使用的防护性服装。从产业链环节来看，原材料环节包括聚丙烯、聚酯纤维、聚乙烯等；零部件环节包括纺粘无纺布、水刺无纺布、SMS 复合无纺布和透气膜等产品；成品环节为医用防护服。其中生产医用防护服的关键是纺粘无纺布和透气膜，主要涉及原材料环节的聚丙烯和聚乙烯。医用防护服主要性能要求见表 5-2。

表 5-2　医用防护服主要性能要求

特　性	性　能　要　求
防护性	具有液体阻隔功能，医用防护服关键部位（左右前襟、左右臂及背部位置）耐静水压不低于 1.67kPa，接缝处对非油性颗粒物的过滤效率不低于 70%；抗合成血液穿透性不低于 2 级；外侧面沾水等级不低于 3 级
产品强力	拉伸试验时，断裂强力不低于 45N，断裂伸长率不低于 30%
医用防护口罩	医用防护服材料透湿量要求不小于 2500g/m^2·d

数据来源：根据公开资料整理，2021 年 4 月。

原材料环节，国内聚丙烯产能充足，聚乙烯市场仍存在供需缺口。2020 年我国聚乙烯总产量约 1970 万吨，同比增长 17%，进口量 1853.4 万吨，同比增长 11.2%。进口占比接近一半，从进口来源国看，来自沙特、伊朗、阿联酋、韩国、新加坡的货源占比分别为 20.2%、12.5%、10.4%、8.0%、6.5%。零部件环节，我国高性能无纺布在透湿性和过滤效率等方面技术还不够成熟，市场主要由美国杜邦公司等国际巨头主导。成品环节，压条机是生产医用防护服的关键设备，全国压条机年产能约为 5000 台，生产企业多为中小企业，应急状态下扩大生产的能力较为薄弱。总体而言，我国医用防护服产业链薄弱环节在中后端，压条机产能不足是制约紧急扩产的关键因素。

国家药品监督管理局公开数据显示，2019 年底，我国拥有医用防护服生产资质的企业共 36 家，到 2020 年 10 月，企业数量增加至 378 家，主要分布在河南（51 家）、山东（44 家）、安徽（33 家）、浙江（31 家）和湖南（27 家）等地区。

二、产业的良性变革

（一）一批新技术得以催生

面对防疫需求，医疗防护产品创新能力得到了很大考验，并催生了若干新技术。如北京化工大学与北京联合康力公司合作，通过双螺杆加工改性挤出机，添加抗菌剂、降解剂、驻极剂以及防老化助剂，制得新型熔喷布，研制出可重复使用的具有良好储存稳定性、抗菌性的民用卫生口罩，并通过了 T/BJFX0001-2020 标准认证。该口罩经过实验检验后，重复佩戴总时长达 24 小时，与普通一次性医用口罩只能佩戴 8 小时相比，使用总时长多出 16 小时，并可洗消 3 次，同时防护性能相当，对解决全球防疫物资短缺和节约资源具有重要意义。同时北京化工大学对口罩的洗消方法也进行了研究，并总结出了民用洗消方法，即用 60℃以上热水浸泡半小时，自然晾干或电吹风吹干。

（二）产业升级的步伐加快

一是产品结构不断升级，突破了几项重要的关键技术，一批高性能产品（如 N99 防护级别纳米口罩、性能超过了医用外科口罩核心指标的全生物降解口罩等）已经大范围投放市场。二是企业加大了投资力度，改进了生产工艺，并进行产品生产智能化改造，如部分企业口罩的日产量由改造前的 4 万只提升到了 50 万只。此外，中石化、比亚迪等大型企业纷纷转产应急物资后，中小企业合并重组及技术升级的现象时有发生，进一步提炼了工艺水平、提高了供给质量，符合标准的高端产品越来越多。

（三）国家支持政策助力产业发展

疫情期间，一系列政策性金融措施普惠于医疗防护产品生产企业，企业贷款难、融资难的局面逐渐被打破。如国家对重要防护产品及原材料生产企业、收储企业实行疫情防控重点保障企业名单管理，对这些企业施行专项贷款、信贷支持、贴息支持、减税减费等政策，保障产品的供给。此外，国务院常务会议公布就政府兜底采购收储的产品目录，包括防护服、口罩、护目镜、隔离衣等，强化了政府收储力度，为产品销售提供了保障。

第二节 发展特点

一、产业发展新风险初步显露

（一）原材料及设备供给过剩，产品积压情况已经出现

经历了疫情初期口罩及防护服等产品短缺情况后，全行业开始大力生产、复工转产，供需趋于平稳，原材料、生产设备供给过剩、产品积压等现象已经出现。例如，据初步统计，截至 2020 年 7 月底，高端医用无纺布的主要生产原料，即高熔脂纤维聚丙烯的产量已达 100 万吨，超过上年全年总产量（88 万吨），生产企业超过 50 家，而且产能已经过剩。口罩的生产也是如此，由于企业在疫情初期大范围投产以及转产，带动了全国口罩产能瞬时间扩大了 6 倍，造成了口罩的大量堆积，部分企业的堆积数量已经高达千万只。

部分高熔脂纤维聚丙烯生产企业见表 5-3。

表 5-3　部分高熔脂纤维聚丙烯生产企业

镇海炼化	宁波台塑	上海赛科	徐州海天	荆门石化	茂名石化
钦州石化	中化泉州	中景石化	巨正源	济南炼化	青岛大炼化
大连有机	大连西太	独山子石化	兰港石化	洛阳石化	神华宁煤
浦城清洁能源	东华能源（宁波）	中油呼和浩特	延长榆能化	石家庄炼化	东华能源（张家港）
海南炼化	抚顺石化	神华榆林	广州石化	湖南长盛	宁夏石化
庆阳石化					

数据来源：兴园化工园区研究院，2021 年 4 月。

（二）投资虚热现象已出现，企业供需链易受影响

医疗防护产品因新冠肺炎疫情被金融界看好，热钱大量进入，同时其他行业的企业纷纷转产，行业竞争十分激烈。根据工商登记数据，截至 2020 年 5 月 31 日，我国新增注册口罩相关企业 70802 家，与上年同期相比，增长 1255.84%。从长期来看，随着疫情防控趋于稳定，各国医疗防护产品需求趋于饱和，投放市场的产品趋于剩余，在激烈的竞争中，必定会兼并重组或淘汰一部分企业，尤其是部分中小企业会因为市场竞争激烈、投资回报慢、技术更新不及时、劳动力成本上升等问题破产。

（三）国外贸易壁垒风险，严重影响企业正常运营

国外贸易壁垒风险包括关税壁垒风险和非关税壁垒风险。就目前来看，因各国对医疗防护产品的需求非常大，非关税壁垒情况对企业出口影响较大。如2020年已经出现因标准差异问题，导致荷兰以从我国进口的口罩不符合当地FFP2标准为借口而退回的现象，给产品出口带来了不利影响；还出现了比亚迪转产的口罩因美国认证机构对其研发流程的文件管控部分存在质疑，导致比亚迪被两次延期了认证审核，对其北美市场的布局十分不利。从长远来看，关税壁垒将对企业出口影响较大。各国必将支持本国医疗防护产品生产企业投产，从增加财政收入或保护本国企业的角度出发，对我国出口产品进行关税限制将成为必然。

二、产业发展新趋势及对策

（一）国家储备与投送能力将进一步提升

部分医疗防护产品或将列为国家战略物资储备，以应对未来可能出现的突发公共卫生事件等。当务之急，首先需要做好医疗防护产品需求分析，明确产业链具体发展计划及预算安排，明确研发、采购、储存、维护和调度使用细则，增强应急准备能力。其次，完善各类产品在国家应急储备物资中的选用标准，出台引导政策，从产品质量、使用期限、产品对标的风险类别、使用环境、适用范围等方面加以指点支持，规范企业生产，便于国家收储。再次，加强产品制造商及其原材料供应商的信息调查及数据更新工作，构建集企业数据库、政策法规库、技术标准库、金融资源库、物资储备库等于一体的医疗防护产品数据库和调度平台，全方位提高投送能力。

（二）家庭储备与制造业标配将成为新趋势

家庭储备医疗防护产品将成为常态化，同时，制造业从业者佩戴口罩等产品的意识也将逐步提高，由此带来的产品消费市场规模将扩大14%左右，产业发展前景广阔。鉴于此，一是相关部门应严把产品准入关，同时强化检验检测，切实保证每一个流入市场的产品质量合格，更好地保护合法经营者的权益，树立消费者对国内产品安全质量的信心；二是建立产品分行业强制性配备准则和认证制度，为产品选择、采购、使用提供方法和依据，支持其配备水平的提升；三是企业在生产医疗防护产品时要体现人文关怀理念，将产品向精细化、轻型化、个性化、美观化方向改进，提升产品吸引力。

（三）产业高质量发展步伐将越来越快

生产企业将进一步增加研发投入，推动产品质量的提高和工艺流程的改进，以高质量获取竞争优势和利润空间；同时，将会有更多企业进行优势互补，提高产品竞争力，强化上下游产业链合作。为此，政府一方面要完善相关政策，集中龙头企业、高校、科研院所力量，以前沿技术和关键共性技术的研发为核心，着力解决产品生产成本高、技术国外垄断等问题；另一方面，引导企业从主要产品制造向提供"产品+服务"转变，推进企业在备件供应和租赁等方面开展增值服务业务。鼓励人机交互、智能传感等技术的应用，打造身体健康管理等新的服务功能，开拓产品服务市场。

（四）行业市场竞争将十分激烈

未来我国的医疗防护产品生产企业将会面临着两个市场的激烈竞争，一是在我国高端防护产品市场中的竞争，二是与国际顶尖企业在全球医疗防护产品市场中的竞争。要在竞争中突围，第一，我国有关部门应不断完善标准体系，对接国际标准，淘汰落后技术及产品，引导市场形成优胜劣汰的良性发展机制。第二，企业应强化资金投入、技术投入和人才投入，树立长远发展理念，打造行业认可度高的品牌。第三，企业要优化布局南亚、南美、澳洲等市场，打造新的业务增长点；在国内可布局大众日常用品市场，开发时尚型、日常功能型产品，打通民用市场关卡。此外，进行产品升级，积极向航天航空应急、军事应急等其他应用领域拓展。第四，根据我国医疗防护产品的产业分布、人口和区域的分布等因素，结合我国安全应急产业发展，合理引导创建以医疗防护产品为核心的专业国家级安全应急产业示范基地，服务于我国公共卫生保障体系建设。

第六章

社会安全领域

社会安全领域是我国《突发事件应对法》规定的突发事件四大领域之一,是维持社会稳定、人民正常生活工作秩序的关键领域。安全应急产业在社会安全领域以多种形式存在,安防产业是其主要体现形式。我国持续重视社会安全行业发展,通过开展智慧城市、平安城市、雪亮工程、天网工程等城市安全建设提升社会安全水平,各地在提升社会安全水平上的投入也在逐年提升。随着物联网、大数据、云计算、人工智能以及新一代信息技术的快速发展,新形势、新业态不断涌现,社会安全保障需求不断提升,自动化、智能化、智慧化成为相关产业转型升级高速发展的关键词。

第一节 基本情况

一、社会安全保障能力持续提高

社会安全保障工作是维持我国社会秩序稳定、保障经济正常发展的必要工作。2020 年,在全国公安机关的不懈努力下,全国刑事案件同比下降 1.8%,其中八类主要案件下降 8.7%,治安案件下降 10.4%,较大道路交通事故、监所安全事故分别下降 24%、60%。

随着近年来世界经济环境的不利走向,失业、经济动荡导致总体犯罪形势有所抬头。国家统计局数据显示,2015 年以来,我国人民检察院批捕、决定逮捕犯罪嫌疑人妨害社会管理秩序案人数占比最高,与批捕、决定逮捕犯罪嫌疑人总人数变化趋势一致;侵财类案件次之,总体保持平稳；侵犯公民人身、民主权利案人数处于第三位，近年来有所增加；破坏社会主义市场经济秩序案人数位列第四，2017 年来正以 25% 的增速快速增长；危害公共安全案人数则快速下降，2019 年降速超过 30%，回落到 2011 年的水平。2019 年我国总体犯罪情况有所上升，在此基础上，社会安全保障需求持续攀升，新技术、新业态为社会安全领域发展提供了新机遇（见图 6-1）。

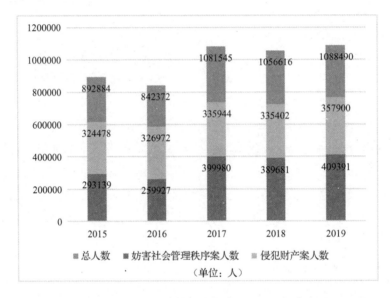

图 6-1　2016—2020 年我国人民检察院批捕、决定逮捕犯罪嫌疑人情况
（数据来源：国家统计局）

2020 年安全防范保障市场不断创新发展。受 2020 年的新冠肺炎疫情影响，市场对安全的需求也达到了新的高度，从一定程度上促进了安防市场的升级发展。2020 年我国安防行业保持了快速增长的势头，产业技术、消费市场以及企业品牌建设等方面均快速提升，产业内涵逐渐延伸，形成了集研发、制造、施工、集成、运营、销售服务等为一体的产业链，视频监控、实体防护、防盗报警、防爆安检、出入口控制等系统全面发展。目前，我国已经成为全球最重要的安防视频监控市场之一，也是全球最大的安防视频监控产品制造地。2020 年受疫情影响，我国安防设备市场保持了基本稳定（见图 6-2）。

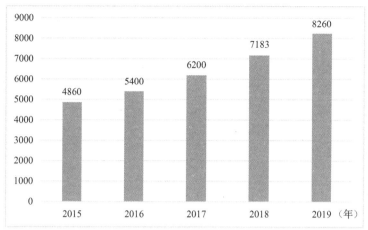

图 6-2　2015—2019 年我国安防行业产值情况（单位：亿元）
（数据来源：中商情报网）

二、"十三五"国家政策支持社会安全领域不断发展

党的十九大报告《决胜全面建成小康社会 夺取新时代中国特色社会主义伟大胜利》提出要"坚持总体国家安全观"，为社会安全领域不断发展开拓了广阔空间。习近平总书记强调，要"树立安全发展理念，弘扬生命至上、安全第一的思想，健全公共安全体系"。报告提出，要"加快社会治安防控体系建设，依法打击和惩治黄赌毒黑拐骗等违法犯罪活动，保护人民人身权、财产权、人格权""打造共建共治共享的社会治理格局。加强社会治理制度建设，完善党委领导、政府负责、社会协同、公众参与、法治保障的社会治理体制，提高社会治理社会化、法制化、智能化、专业化水平"。

在安防领域，视频监控建设联网应用是行业关注重点。"十三五"期间，中办国办印发了《关于加强社会治安防控体系建设的意见》，要求全面提升社会治安防控体系建设科技水平、加快公共安全视频监控系统建设，在机关、企事业单位内普及视频监控系统应用，完善社会治安防控运行机制；九部委制定了《关于加强公共安全视频监控建设联网应用工作的若干意见》，要求到 2020 年基本实现"全域覆盖、全网共享、全时可用、全程可控"的公共安全视频监控建设联网应用，并"在加强治安防控、优化交通出行、服务城市管理、创新社会治理等方面取得显著成效";公安部下发了《关于深入开展城市报警与监控系统应用工作的意见》,要求尽快"构建起与经济社会发展和公安工作需要相适应的城市报警与监控系统应用体系";《公共安全视频监控建设联网应用"十三五"规划方案》为我国制定《公共安全视频图像信息联网共享应用标准体系》、开展全国公共安全视频监控建设提供了方向;公安部《关于进一步加强公安机关视频图像信息应用工作的意见》为各地提升视频监控建设水平提出了要求;2018 年中办国办印发了《关于推进城市安全发展的意见》,要求加强城市安全监管信息化建设;2019 年《中共中央、国务院关于坚持农业农村优先发展做好"三农"工作的若干意见》提出要持续推进平安乡村建设,加快建设信息化、智能化农村社会治安防控体系,继续推进农村"雪亮工程"建设;同年中办、国办公厅印发了《关于加强和改进乡村治理的指导意见》要求建立统一的"智慧村庄"综合管理服务平台、加强公共安全视频监控建设联网应用工作;2020 年《高速铁路安全防护管理办法》要求铁路运输企业应当在规定场所和区段配备、安装监控系统,并与当地公共安全视频监控系统实现图像资源共享。

第二节　发展特点

一、智慧城市建设是社会安全在城市中的主要表现形式之一

智慧城市建设为我国社会安全领域智能化、智慧化发展开辟了广阔空间。智慧城市建设将市政、交通、城市生命线整合起来进行统一规划和统一管理,利用大数据、云计算结合城市安全风险点分析研判突发事件风险,以做到对城市风险隐患的提前预知、实时监控、及时排查、快速响应。2019 年,我国智慧城市试点数量已经达到 749 个,安防领域龙头企业——海康威视凭借智慧消防物联网远程监控系统,成为 2019《互联网周刊》与 eNet 研究院发布的"2019 智慧城市解决方案提供商 100 强名单"中排名第一的智慧城市提供商。2020 年,我国智慧城市

市场规模将达到 259 亿美元，同比增长 12.7%，为仅次于美国的第二大国家。

在国家顶层规划指导下，各地纷纷开展智慧城市政策体系布局。习近平总书记在 2016 年全国网络安全和信息化工作座谈会上提出，要"以信息化推进国家治理体系和治理能力现代化，统筹发展电子政务，构建一体化在线服务平台，分级分类推进新型智慧城市建设"，国务院《"十三五"国家信息化规划》也将新型智慧城市建设作为优先行动抢先发展。2019 年 1 月，自然资源部办公厅印发《智慧城市时空大数据平台建设技术大纲（2019 版）》，要求各级自然资源主管部门按照 2019 年全国自然资源工作会议的部署加快推进智慧城市时空大数据平台建设工作。为加快地方新型智慧城市建设，2018 年以来，深圳市以及陕西省、河北省、山东省、上海市、河南省陆续发布了各类关于加快新型智慧城市建设的指导意见或通知，以开展新型智慧城市、时空大数据平台项目建设，推进新型城镇化高质量发展。

二、支撑性技术领域政策助力产业高质量发展

超高清视频产业是安防产业发展的支柱型产业之一，也是社会安全领域实现长期健康发展的有力保障。2019 年 2 月，工业和信息化部、国家广播电视总局和中央广播电视总台联合印发的《超高清视频产业发展行动计划（2019—2022 年）》（工信部联电子〔2019〕56 号）指出，"超高清视频是继视频数字化、高清化之后的新一轮重大技术革新，将带动视频采集、制作、传输、呈现、应用等产业链各环节发生深刻变革"，提出我国超高清视频产业总体规模将在 2022 年超过 4 万亿元的展望，同时大力开展 4K 产业全面发展和推动 8K 前端核心设备产业化创新，提出了突破核心关键器件、推动重点产品产业化、提升网络传输能力、丰富超高清电视节目供给、加快行业创新应用、加强支撑服务保障等六大重点任务。2020 年 5 月，工业和信息化部、国家广播电视总局联合印发了《超高清视频标准体系建设指南（2020 版）》，通过发挥标准在超高清视频产业生态体系构建中的引领和规范作用，加快行业规范化、高质量发展。

三、新基建是社会安全领域未来转型升级的主要机遇

2020年5月22日，2020年国务院政府工作报告提出，要重点支持"两新一重"建设，即新型基础设施建设、新型城镇化建设和交通、水利等重大工程建设，社会安全相关产业在新型基础设施建设中将大有作为。

新型基础设施建设在为社会安全领域提供了新型信息化工具和数据处理手段的同时，也为社会安全相关产业保障能力提出了更高要求。新型基础设施建设带来的新形态、新业态的涌现，产生了包括信息安全在内的各项新型社会安全问题，促使社会安全相关产业与新基建一同发展。以5G为例，在建设上，为保障5G基站安全可靠运营、降低维护成本，基站需要依照安防要求和消防标准建设；在应用上，5G能够提供足够带宽，为安防领域实现超高清视频监控打下基础。在政策层面，在中央政策的宏观指导下，地方政策更注重新型基础设施的场景化应用。《云南省推进新型基础设施建设实施方案（2020—2022年）》提出，要大力发展物联网，加快在重点地区布设智能传感器，持续布设城市公共安全视频终端，建设云南公安智慧警务大数据平台；开展基于5G的车联网示范，统筹推进汽车、公路、城市道路及附属设施智能化升级，提升"人、车、路、云"融合协同能力。作为公共安全及交通安全中的重要组成部分，以智慧安防为主的社会安全相关产业在新基建中将发挥重要作用。

区域篇

第七章

东部地区

第一节　整体发展情况

东部地区产业基础雄厚、经济发达，安全应急产业领先全国发展水平，总销售收入约占全国一半以上，是我国沿海经济带健康、安全、高质量发展的坚实保障。当前，我国安全应急产业已形成了由"东部发展带""西部崛起带"和"中部产业连接轴"组成的"两带一轴"整体布局。其中，"东部发展带"北至吉林省、南至广东省，联系了我国东北老工业基地和东南沿海经济区，联结了长吉图开发开放先导区、京津冀世界级城市群和粤港澳大湾区，是我国 21 世纪海上丝绸之路经济带的起点。

"东部发展带"是我国安全应急产业发展的经济核心和走向世界的重要窗口，包括 18 个国家安全产业示范园区（创建单位）和国家应急产业示范基地，占总数的 60%。其中广东省、江苏省安全应急产业规模最大、示范基地（园区）数量最多，信息化、智能化是"东部发展带"安全应急产业发展的特色。

第二节　发展特点

一、市场敏锐性强，精准对接地方需求

东部地区凭借优越的地理位置，安全应急产业市场需求旺盛，发展

势头强劲。当地政府加强前瞻部署，精准对接当地的市场需求。为更好地预防和控制事故的发生、减轻事故灾难与自然灾害的危害，政府和企业对安全技术及装备的有效需求也与日增加，这些都是安全产业巨大的潜在市场。例如，江苏省徐州市高新区依托现有工业基础和支柱产业优势，主动对接徐州主导产业之一的工程机械装备制造业，与中国矿业大学等当地科研院所的技术优势相结合，以矿山安全为抓手，最先在国内提出了"感知矿山"的概念，积极打造具有国际影响力的"中国安全谷"，在发展安全应急产业的同时，也赋予了工程机械装备制造产业发展新动能。此外，粤港澳大湾区临近"一带一路"重要节点，紧抓粤港澳大湾区政策红利，安全应急产品市场辐射面广，需求量大。大部分沿线国家处于不发达状态，对建设发展需求极高，如基础设施建造、装备制造、信息安全、电站建设等，而粤港澳大湾区在智能工业制造及管控装备方面已具备深厚基础，可成为"一带一路"沿线国家进口安全应急产业产品的集聚地。

二、区域集聚发展成效显著

东部地区产业基础最为良好，经济发达、市场化程度较高，环渤海、长三角、珠三角区域是我国安全应急产业最为聚集的地区。

（一）环渤海区域

环渤海区域在技术开发转化、人力资源方面优势明显。区域内，吉林省在专用安全产品与部件、先进安全材料、应急救援装备制造等领域有着较强优势。辽宁省在危化品监测预警装备、安全防护防控设备和应急处置救援产品等领域形成了独特的产业体系。北京市以先进的安全应急科研能力，打造各类"北京创造"安全应急产品，在智慧城市监测预警产品、安全防护防控产品、应急救援成套化装备等领域优势较强。河北省依托京津冀协同发展战略，在风险监测预警系统、工程抢险装备和应急防护装备等领域特色显著。山东省通过培育装备制造企业，在特种应急救援装备、安全防护防控产品等领域强化了保障能力。

（二）长三角区域

长三角区域产业基础最为良好，经济发达、市场化程度较高，是我国安全应急产业最为聚集的地区。江苏省在高端个体防护装备、建筑安全装备、交通安全设备、危化品安全应急装备及安全服务等领域有着较为完善的产业链。浙江省产业发展环境较好，在新型安全材料、高危场所监测预警产品、电气安全防护防控产品、高端应急救援装备、智慧安全云服务等方面有着较强优势。上海市公共应急安全生产管理任务繁重，以大数据、物联网等高科技技术为支撑的安全和应急产业体系正在形成，在应急智能机器人、北斗导航救援系统、城市公共安全应急预警物联网、应急救援装备等领域优势较大。

（三）珠三角区域

珠三角区域凭借优越的地理位置，安全应急产业市场需求旺盛，发展势头强劲。作为我国经济发展的"领头羊"，珠三角区域在发挥有利区位和改革开放先行优势的同时，多措并举为创新型企业发展铺平道路，助力安全应急产业转型升级，往高端化、技术化方向迈进。尤其是粤港澳大湾区更是珠三角区域安全应急产业的核心。该区域以技术密集、资金密集、人才密集的智能安全应急为主导，以智能制造、大数据、工业互联网及现代服务业为抓手，重点发展智慧安防、智能工业制造及防控设备、安全服务、新型安全材料、信息安全、车辆专用安全设备等细分领域。

三、安全应急服务产业成为发展新亮点

东部地区多个省市积极响应国家政策，提前布局安全应急服务产业，其中，以广东省发展最为显著。作为我国制造业重要基地和粤港澳大湾区的重要组成部分，广东省坚实的制造业基础和完善的产业链为安全应急产业的发展提供了重要支撑。佛山市南海区安全应急产业正在形成"丹灶制造、大沥服务"为主体的互动板块，通过"双核驱动"打造安全应急产业完整的产业链，其中，南海区大沥镇着力打造安全应急服务产业集聚区。大沥镇立足粤港澳大湾区核心区、广佛两大超级城市腹地的优越区位优势，充分发挥商贸发达和原材料供给的生产性服务优势，以智慧安全小镇为核心，以中国安全产业大会永久会址的设立为契机，积极打造安全应急产业展览展示中心、商贸交易平台、研发科创平台和教育培训基地等，形成高品质的安全应急服务产业集聚区，培育新的经济增长点。

第三节 典型代表省份——江苏

一、政策支持力度不断加大

江苏省作为全国安全应急产业的排头兵，省政府高度重视安全应急产业发展，多次出台相关政策，从发展思路、科技创新、融资体系等多方面提出促进发展安全应急产业的实施意见。2020年，继续贯彻落实《关于推进安全产业加快发展的共建合作协议》《关于加快安全产业发展的指导意见》等专门针对安全应急产业发展的文件，设立专项资金1亿元用于支持产品研发、财税、公共服务、知识产权等。江苏省还针对部分细分领域发布了鼓励产业发展的政策措施。如《江苏省科技厅关于2020年度江苏省科学技术奖提名工作的通知》（苏科成发〔2020〕99号）中将安全生产技术，以及生物试剂、医用材料、人工器官、疾病诊断仪器、大型医疗装备、制药器械、制药工业专用设备等在内的医疗器械列入科学技术奖专业组评审范围。另外，2020年，江苏省办公厅印发包括重特大生产事故、突发环境事件、自然灾害救助、药品和医疗器械安全突发事件等应急预案19项，每一项应急预案针对特定领域提出物资保障、技术保障、科技与产业保障等要求，从需求的角度为发展安全应急产业、强化应急管理装备技术支撑创造有利发展环境。

二、产业集聚发展加力

2020年，受新冠肺炎疫情影响，各地均意识到应急物资，特别是医疗应急物资生产储备的重要性，纷纷加大对应急物资生产企业的招商力度，当地具备生产能力的企业也转产扩产。同时，随着国家对安全应急产业发展支持力度的不断加大，多个城市都意识到了其产业的广阔市场空间和良好发展前景。在江苏省内，除徐州、如东、溧阳等地外，丹阳、泰州等地也积极发展安全应急产业并在部分领域形成优势。例如，2020年全国最大的药品和医疗器械供应企业——国药集团的产业项目正式落地丹阳开发区，作为省重点投资项目，未来将承接国药控股投资的医药和医疗设备项目及其供应链项目外，引进并建设国药华东集采中心，成为区域应急医疗物资保障中心。结合当地已有的产业基础，丹阳市将重点发展应急医疗器械、汽车安全装备、新型安全材料等领域；泰州市姜堰区依托当地新能源、智能制造、电子信息、生物医药、新材料等产业的现有优势，以姜堰经济开发区为核心区，以高端智能消防安全产业为主要特色，重点发展安全应急装备、应急医疗物资、电力安全、安全服务等产业。

三、产业链条较为完善

江苏省安全应急产业企业涉及行业广泛，在监测预警产品、预防防护产品、应急救援处置产品、各类安全应急服务等领域聚集了一批优势企业，形成了较为完善的产业覆盖面。在矿山、建筑、交通、消防等传统的重点安全领域，聚集了徐工集团、国强镀锌等骨干企业，龙头企业带动效应持续发挥。例如，徐工集团以工程机械为主体打造高端安全装备、国强镀锌以强大制造能力打造高性能安全产品、恒辉安防以安全防护手套为特色打造防护类龙头企业，消防安全领域以中裕消防、五行新科技、振华泵业等先进消防企业为代表；另外，安全材料领域以恒神碳纤维、大力神合金铝为龙头，应急医疗器械与医药领域以鱼跃医疗、云阳药业为龙头，汽车安全装备领域以大赛璐、贺利氏为龙头等吸引了一批配套企业集聚；产品应用终端环节，聚集了北方信息控制研究院集团、6902、江苏建筑工程集团、交通工程集团等一大批规模企业与科研院所；在安全应急服务环节上，聚集了安元科技、易华录、南京中网卫星通信等企业。完善的产业链条，为其拓展安全应急产业多领域发展奠定了基础。

四、科研支撑体系较为完善

江苏省积极推进安全应急产业科技创新生态体系建设。为确保各类前沿技术迅速转化应用，江苏省找准了产业技术链的关键环节，组织各种科技资源和力量为创新创业提供技术、知识、信息、管理、投融资等服务。全省安全应急产业市场逐步壮大，目前已有8家企业列入国家级工程机械应急动员定点企业目录、4家企业列入应急产业重点联系企业目录，各类科研机构遍布全省。中国矿业大学、南京理工大学、江苏大学、淮海工学院等高校均设置安全工程专业，每年培养安全应急专业人才近千人，为产业创新发展提供了人才支撑；安全服务产业快速发展，全省各类安全评价、卫生评价、安全检测检验机构达142家。

江苏省按照社会化、市场化建设模式，构建"总院+专业研究所"的组织架构，遴选安全应急产业领域内的23家专业性研究所，成立了江苏省产业技术研发协会，发展会员单位170多家，聚集各类创新人才4600多人，初步构建起专业化、社团化、国际化的产业研发创新网络，为安全应急产业的发展提供了基础。目前已累计实现技术成果转移转化1000余项，合同科研金额近20亿元。围绕下一代电子信息、战略性基础材料、先进智能制造等领域，部署实施前沿先导、科技成果转化项目2200多个，抢占未来发展制高点。

第八章

中部地区

第一节 整体发展情况

中部六省包括山西、河南、江西、湖南、湖北、安徽,地理位置连南接北、承东启西,辐射面较广。2021 年中共中央《关于新时代推动中部地区高质量发展的指导意见》使得中部地区迎来历史性发展机遇。2020 年,我国中部地区生产总值 212246 亿元,发展潜力可期。目前,中部地区的安全应急产业具备一定的基础,在我国安全应急产业布局地图中已形成中部产业连接轴,由皖、赣、鄂、湘四省组成。这些省份的安全应急产业基础较好,地方政府对产业发展具有较高认知和积极性,频繁出台地方性引导文件促进安全应急产业发展,如《安徽省安全产业三年发展规划(2018—2020 年)》《湖北省人民政府办公厅关于加快应急产业发展的实施意见》等。安徽省重点发展高附加值的消防安全、矿山安全、交通安全、电力安全、职业健康、应急救援、安全服务等七大安全应急产业;江西省以省会南昌市为龙头,重点发展应急救援、交通安全、危化品安全、智慧城市安全、智能工业安全防控装备等智能安全应急产品;湖北省的安全应急产业重点围绕应急救援与消防处置装备、安全专用车及交通工程装备、监测预警产品、安全与应急预防防护产品等领域;湖南省在工程机械抢险救援装备、建筑施工安全装备、安全传感产品、道路交通专用安全产品等安全应急产业方面具备一定优势。截至目前,中部地区已有国家安全产业示范园区(创建)单位和国家应急产业示范基地共 5 家。随着"中部产业连接轴"安全应急保障能力的不断提升和产业辐射作用的不断增强，未来将成为连通我国安全应急产业整体布局、促进产业协同发展的核心区域。中部地区应充分利用国家政策倾斜的契机，积极发展应急医药、应急救援、卫生防护、航空航天、新能源汽车、信息安全等产业，同时发挥空间枢纽优势，加快融入安全应急物资储备体系。

第二节 发展特点

一、政策持续优化，发展潜力日显

国家近年来出台了一系列文件，以促进安全应急产业发展，将其提升至战略地位。中部各省市政府积极响应，通过出台地方性指导文件，鼓励安全应急产业发展。

省级层面，2018 年，安徽省出台《安徽省安全产业三年发展规划（2018—2020 年）》，明确了以合肥国家应急产业园区引领带动，重点发挥合肥国家应急产业园区引领带动作用，充分利用马鞍山应急救援、蚌埠特色军民融合、芜湖智能消防机器人和水下救援优势，打造特色产业优势互补集聚区的产业发展目标；2017 年，河南省出台《中共河南省委河南省人民政府关于深入推进安全生产领域改革发展的实施意见》，明确了交通安全、应急装备等五大优势领域和智能机器人、航空应急等七大潜在领域的重点发展内容，提出到 2030 年，实现安全生产治理体系和治理能力现代化，全民安全文明素质全面提升，安全生产保障能力显著增强的主要目标。

市级层面，2020 年，长垣市发布了《长垣市人民政府办公室关于印发长垣市医用防护用品全产业链共性关键技术需求国内外揭榜攻关实施方案的通知》，将科技研发作为产业的核心竞争力，通过凝聚社会力量，促进本地企业自主明确关键技术研发需求和未来发展方向，推进以企业为主体的医用防护产业主动进行落后技术淘汰转型，从而实现产业的转型升级和高质量发展。2020 年，随州市出台《随州市疫后重振补短板强功能"十大工程"三年行动方案（2020—2022 年）》，提出了十大工程,同时推进应急产业基地、汽车生产基地、航空物流装备制造基地的建设。随着地方性引导文件的密集出台,我国中部地区的安全应急产业的发展进度可观,成为中部地区安全应急产业发展的重要支撑。

二、龙头企业引领,产业集聚升级

中部地区的安全应急产业呈现集聚化发展趋势,已涌现出了一批安全应急产业示范基地。通过产业集聚发展,可以降低企业成本,实现资源最优化配置。同时,大部分园区由龙头企业牵头引领,利用提升产业在区域的整体竞争力。

合肥高新区于1991年3月经国务院批准成为首批国家级高新技术产业开发区,2015年底国家安监总局、工信部批准为国家安全产业示范园区创建单位和首批应急产业示范基地。高新区以信息技术在安全领域的应用为特色,产业集群主要涵盖防灾减灾安全、信息安全、矿山安全、交通安全、电力安全五大门类,中电38所、科大讯飞、四创电子、国盾量子等一批自主培育企业发展势头迅猛,同时引进了赛为智能、新华三、海康威视等国内外知名龙头企业。

株洲高新区安全应急产业示范园着力打造应急安全教育培训基地、安全应急产业产品展示交易中心、应急安全产业中试研发总部等产业样板间。2019年株洲高新区成功引进了株洲用电安全科技产业创新防范及建设基地、应急通信生产研发基地、宁波国创智能装备、通联支付平台等9个项目,形成产品研发、工程服务、项目集成、产业化于一体的智能安全应急产业链。

长垣市"中国卫生材料生产基地"共有医疗器械生产经营企业2324家,医疗器械生产企业101家,以医用耗材为主的产品全国市场覆盖率超过80%,全国市场占有率高达60%。基地已形成"一核一片"产业布局,以长垣南部、依托驼人产业新城建设健康产业园为"一核",长垣北部满村、丁栾镇、张三寨镇三地形成的长垣卫材产业发祥地为"一片",形成南北两翼错位发展的基本格局,并积极实施建设国家医用防护用品生产基地、储备基地、进出口基地及国家医用防护用品研发中心、检测中心、调拨中心即"三基地、三中心"愿景。

三、研发平台宽广，科创能力占优

中部诸如湖北、河南、安徽等省充分利用科研院所和高校资源，逐步优化产学研创新体系，涌现出大量科技研发平台，安全应急产业科技创新能力显著提升。

合肥高新区以孵化器为核心建立了"众创空间＋孵化器＋加速器＋创业社区"一体化的创业孵化链条，构建"大企业顶天立地、小企业铺天盖地"的良好企业培育生态系统。同时，合肥高新区与安徽大学达成了全面战略合作协议，充分发挥安徽大学在学科设置、科研能力和人才储备方面的优势，通过产学研合作技术创新、高科技企业孵化、专业人才定向培养和技术成果转化，共同推进合肥高新区在安全应急产业建设水平提高。

长垣通过加强与产业链上下游的联系，通过推进服务型制造促进产业链自主研发和成果落地。长垣医用防护企业与医院客户联系紧密，依据医护人员实际需求开展研发活动，是以龙头企业为主的长垣医用防护企业主要研发动力之一。同时，为提升原材料自给能力、产品研发制模能力，加快产业链延伸和产品研发，企业与院校、研究机构及相关企业进行了广泛合作。

四、市场需求旺盛，产业前景可期

2021年3月，习近平总书记在中共中央政治局会议上审议《关于新时代推动中部地区高质量发展的指导意见》，强调"中部地区承东启西、连南接北，资源丰富，交通发达，产业基础较好，文化底蕴深厚，发展潜力很大，推动中部地区高质量发展具有全局性意义"。中部地区作为我国的粮食生产基地、能源原材料基地、现代装备制造及高技术产业基地和综合交通运输枢纽，利用此政策契机，对安全产业技术、产品与服务需求市场前景广阔。

中部省份积极参与"一带一路"建设，聚焦重点区域，高位推动对外合作交往，可扩大中部省份安全应急产品市场辐射面，市场潜力尤待深挖。一方面，外向型经济可以促使中部省份安全应急产业引进新技术，围绕提升国际产能和装备制造合作水平，推动基础设施、农业、能源资源、优势产能、先进制造业、服务业六大行业国际合作，带动产能、装备、技术和标准"走出去"，海外先进技术"引进来"。另一方面，随着中部省份交通建设的不断发展，向"一带一路"沿线国家输出安全应急产品将成为潜在经济增长点。首先，大部分沿线国家处于不发达状态，对建设发展需求极高，其中包括基础设施建造、装备制造业、信息安全，而中部省份在汽车制造及电缆制造方面已具备深厚基础，可成为"一带一路"沿线国家进口安全应急产业产品的输出地。其次，目前中资企业在海外的在建项目逾百，海外员工总数上百万人，需要大量安全应急产品为其提供工作及生活方面的安全保障，包括医疗卫生安全应急产品等。由于"一带一路"沿线国家安全应急产业发展占比极低，为中部省份大力发展安全应急产品输出提供了极具潜力的市场。

第三节　典型代表省份——湖北

一、安全应急产业发展现状

近年来，湖北省的安全应急产业迅速崛起，持续发展，在处理各种突发事件中发挥着关键性的作用。2016年，湖北省政府印发《加快应急产业发展的实施意见》，将安全应急产业纳入湖北省工业、战略性新兴产业和科技发展等重点培育计划，提出到2020年建成2个国家级安全应急产业示范基地，培育一批安全应急特色明显的中小微企业，发展一批创新能力与技术研发能力强的骨干龙头企业。实现一批自主研发的重大安全应急装备投入使用，一批关键装备和技术的研发制造水平达到国内先进水平。

湖北省正在积极推进医药物资生产储备基地建设，近年来医用防护物资保障体系建设不断完善，已经具备生产80%以上医用防护物资的能力。在新冠肺炎疫情后，湖北省针对暴露出的相关医用防护物资供给不足、储备不够等弱项短板，围绕重点地区、重点方向，系统性开展全面的医用防护物资区域产能布局调查。目前，湖北省依托鄂州机场的航空货运优势和仙桃的医用防护物资生产储备基地，引导湖北的医用资源集聚与调配，加快发展医用物资储备、应急救助、临空医疗等相关产业。

同时，武汉、荆门、宜昌、咸宁、黄冈等地也在发展医用物资生产集群化、标准化和品牌化，形成集医疗防治、产能动员和物资储备"三位一体"的医用防护物资生产集聚地。

二、安全应急产业发展特点

（一）政府高度重视产业发展

湖北省政府不断出台政策鼓励促进安全应急产业健康良性发展。2019年，湖北省应急管理厅印发《湖北省安全生产领域2019年依法依规推动落后产能推出工作方案》，通过淘汰落后产能促进安全应急产业结构调整、供给侧结构性改革、实现节能减排。但是，湖北省安全应急产业政策缺乏系统性，仅在2016年8月为落实《国务院办公厅关于加快应急产业发展的意见》，出台了《省人民政府办公厅关于加快应急产业发展的实施意见》，其相关政策零散，缺乏系统性的政策引导。现有的安全应急产业政策以引导和推广为主，缺乏安全应急产业相关的经济效益、行业安全等的配套措施，特别是对创新风险补偿和巨灾保险机制缺乏直接的资金支持和政策保障，政策文件缺乏具体的实施细则和配套措施。

（二）产业规划布局初见雏形

湖北省在消防安全、安全应急装备、应急通信、交通安全、监控预警等方面具有竞争优势。结合安全应急发展现状及其资源条件、地理环境，湖北省基本形成武汉为中心，以宜昌、襄阳、仙桃、咸宁、随州及其安全应急企业为分节点，形成数条渐进式展开轴线，实现由辐射状覆盖全省区的特色安全应急产业体系。湖北省依托武汉、随州、仙桃等产业集聚地，借力国防科工优势，坚持走"军民融合、政产学研协同创新"的安全应急产业发展之路，培育出了多个大型安全应急企业。例如，主要生产安全应急交通类产品的随州应急专汽、华舟重工应急装备股份有限公司、程力专用汽车股份有限公司、湖北三六一一机械有限公司、高德公司、七一〇研究所、湖北航天化学技术研究等大型企业和研究所。这些企业有高水平科研技术人员、完备的高端技术设备、尖端生产科技和强大的生产力,其产品覆盖安全应急产业的各个领域,产量大、种类多、品质好,具备多项国家专利。

(三)龙头企业示范引领创新

中部省市的龙头企业充分发挥能动性,发挥安全应急产业发展中的主人翁作用,开展全产品、全产业链研发活动。如江西省的江西赣锋锂业,是国内唯一同时拥有"卤水提锂"和"矿石提锂"产业化技术的企业,公司自主开发的锂云母提锂新工艺技术达到国内领先水平,建成了全球第一条"锂云母氯化钠压浸法提锂和资源综合利用产业化生产线"。河南省长垣市的驼人、亚都、华西等企业已成为我国医用防护领域的知名企业,在长垣医用防护企业集群中起到了龙头引领作用和创新发展的带头作用。2019年,驼人注册证数量占行业注册证总数的7.66%,三类证占比56.52%;亚都注册证数量占行业注册证总数的6.40%,龙头企业在医用防护产业创新活动中拔得头筹。安徽省合肥高新区的赛为智能、新华三、海康威视等国内外知名龙头企业在新一代人工智能、量子信息等前沿技术、颠覆性技术和产业化方面取得重大突破。

(四)市场成熟度仍有待培育

中部各省相关部门缺少系统性创新引导,尚未建立有效的产学研用合作机制,很多科研单位的创新成果不能通过企业和用户转化为市场经济效益,安全应急科技创新成果产业化和市场化的渠道不畅通。对于安全应急相关产品的推广力度仍有待加强,整个安全应急相关的市场发展深度、广度有待深挖,主要体现在三个方面。第一,供求关系脱节。现在很多与安全应急产品相关的企业认为,安全应急产品只有军队、武警、公安等有需求,对安全应急产品的需求主体还不够清楚,很难开展目的性的生产;第二,研究与研究脱节。政府与高校、政府与研究机构、政府和企业、企业和高校及研究机构之间没有合理的协调沟通机制;第三,资源共享脱节。区域性和军事性、部门性和政府性企业之间缺乏安全应急产品和安全应急储备的共享机制。

第九章 西部地区

第一节 整体发展情况

我国西部地区包括西南五省区市、西北五省区和内蒙古、广西等12个省市及自治区，总面积约686万平方公里，约占全国总面积的72%。西部地区与12个国家接壤，陆地边境线面积达1.8万余公里，约占全国陆地边境线面积的91%；拥有大陆海岸线1595公里，约占全国海岸线的10%。在人口方面，西部地区人口总数约为3.8亿，约占全国人口总数的29%，人口密度较为稀疏。西部地区地形和气候条件要劣于中西部地区，其平原面积占总面积的42%，盆地面积不超过10%，48%的土地面积是沙漠、戈壁、石山及海拔3000米以上的高寒地区，约半数地区年降水量不足200毫米，大部分地区年平均气温在10摄氏度以下，恶劣的自然环境使得西部地区的平均人口密度不足50人/平方公里。

西部地区自然资源丰富，矿产、土地、水资源储量丰富、开发潜力大。在矿产方面，西部地区能源资源丰富，天然气和煤炭储量分别占全国比重的87.6%和39.4%；在全国已探明储量的156种矿产中，西部地区占138；在45种主要矿产资源中，西部含24种，且在保有储量上超过全国的1/2，另有11种占33%～50%。在清洁能源方面，西部地区适宜发展风电和太阳能发电，甘肃酒泉、新疆哈密、内蒙古等地都建设了千万级风电基地。其中，甘肃酒泉风电基地是我国首个千万级风电基地；2020年12月，中广核哈密分散式接入风电场二期工程—白山泉及雅满苏 4.8 万千瓦项目建设完成，成为新疆在建规模最大的分散式接入风电场，全部并网运行后预计年上网电量将达 2 亿 4925 万千瓦时，按照火电煤耗（标准煤）每度电耗煤 350 克计算，每年可节约标准煤 8.72 万吨、减少 CO2 排放量约 24.8 万吨；2020 年 12 月，乌兰察布 600 万千瓦风电项目首台直驱式永磁同步风机发电，2021 年 3 月，内蒙古乌兰察布风电基地首台 4.5MW 鼠笼式异步风力发电机成功实现"单机+储能"式发电，该 600 万千瓦项目规划建设 1429 台风机，预计建成后每年将为京津冀提供 180 亿千瓦时绿色电力，每年减少二氧化碳排放 1530 万吨。

2019—2020 年我国西部地区各省市 GDP 相关数据，见表 9-1。

表 9-1　2019—2020 年我国西部地区各省市 GDP 相关数据

2020 年全国排名	地区	2019 年度地区生产总值（亿元）	2020 年度地区生产总值（亿元）	2020 年 GDP 增速
—	西部地区	205185	213295	3.95%
6	四川	46616	48599	4.25%
14	陕西	25793	26182	1.51%
17	重庆	23606	25003	5.92%
18	云南	23224	24522	5.59%
19	广西	21237	22157	4.33%
20	贵州	16769	17827	6.31%
22	内蒙古	17213	17360	0.86%
24	新疆	13597	13798	1.48%
27	甘肃	8718	9017	3.43%
29	宁夏	3748	3921	4.60%
30	青海	2966	3006	1.35%
31	西藏	1698	1903	12.08%

数据来源：赛迪智库安全产业所整理，2021 年 4 月。

第二节 发展特点

一、各地积极布局安全应急产业

西部地区安全应急产业已广泛开展布局。重庆市中国安全应急产业基地是我国首个应急装备产业化基地和军工技术创新转化产业示范基地，目前已形成了以危化品安全、矿山安全道路交通安全、消防、应急救援等为重点的安全应急产业布局；陕西省有西安高新区国家安全产业示范园，其产业特色以矿山安全、消防安全、交通安全、电力安全为主，信息安全、应急安全、危化安全、城市公共安全为补充；贵州省贵阳经济技术开发区则以特种救援装备、救援专用车、应急救援装备配套、应急服务为特色；四川省德阳市专注发展关键基础设施检测、监测预警、应急动力供电、低空应急救援、特种机应用和工程救援等；新疆生产建设兵团乌鲁木齐工业园区则以应急救援与安防产业为核心，以先进装备制造、健康医药、电子信息产业、节能环保等产业为重点发展安全应急产业；内蒙古包头装备制造产业园则关注重车装备、新能源装备、铁路装备、综采装备、机电装备、工程机械装备等领域；陕西省延安高新技术产业开发区基础薄弱，主要发展能源化工应急装备。

二、创新发展促进西部地区加快形成安全应急产业核心竞争力

西部地区坚持将创新发展作为安全应急产业提质增效发展的先决条件，出台了系列政策优化创新环境。2021年2月1日，新疆生产建设兵团办公厅印发了《关于提升兵团双创示范基地带动作用进一步促改革稳就业强动能的若干措施》的通知，提出了四大类共十八项措施，以应对疫情影响、完善创新创业服务体系、树立融通创新标杆、强化双创融资支持，从多个方面保障兵团创新创业工作有序进行。2020年6月，陕西省委办公厅、省政府办公厅印发了《关于创新驱动引领高质量发展的若干政策措施》，共含9部分38条，具有政策措施细致易落实、奖励条款多力度大、创新政策多且灵活、受益范围广、考评机制完善等特点，并设立了到2025年陕西省科技成果转化引导

基金财政投入总值达20亿元、设立子基金超过30支、全省促进科技成果转化基金总规模超过200亿元等目标。2019年，重庆市发布了《促进我市国家级开发区改革和创新发展若干政策措施》，要求创新招商引资工作，大力鼓励创新发展，强化金融支持，优化土地利用政策。贵州省发布了《关于推动创新创业高质量发展打造"双创"升级版的实施意见》，要求推动发展环境升级、发展动力升级、带动能力升级、支撑能力升级、平台服务升级、融资体系升级，并完善协同创新机制，加快构筑"双创"发展高地。

三、因地制宜是西部地区安全应急产业布局的主要特色

我国西部地区地域辽阔，自然资源和人口分布差异较大，各地依据自身特点开展安全应急产业建设（见表9-2）。四川省和陕西省经济总量在西部最高，工业门类最为齐全，安全应急产业涉及范围也最大；新疆应急和安防保障需求高，其安全应急产业更突出应急救援和安防产业特色；内蒙古包头市矿产资源种类多、储量大、稀土矿产量高，其安全应急产业则倾向于为相关产业提供安全保障专用设备。

表9-2 我国西部地区国家安全（应急）产业示范园区（基地）列表

序号	名称	省份	特色
1	西安高新区国家安全产业示范园	陕西省	矿山安全、消防安全、交通安全、电力安全为主，信息安全、应急安全、危化安全、城市公共安全为补充
2	中国西部安全（应急）产业基地	重庆市	我国首个应急装备产业化基地和军工技术创新转化产业示范基地
3	贵阳经济技术开发区	贵州省	特种救援装备、救援专用车、应急救援装备配套、应急服务
4	四川省德阳市	四川省	关键基础设施检测、监测预警、应急动力供电、低空应急救援、特种机应用和工程救援
5	新疆生产建设兵团乌鲁木齐工业园区	新疆	以应急救援与安防产业为核心，以先进装备制造、健康医药、电子信息产业、节能环保等产业为重点

续表

序号	名称	省份	特色
6	包头装备制造产业园	内蒙古	重车装备、新能源装备、铁路装备、综采装备、机电装备、工程机械装备
7	延安高新技术产业开发区	陕西省	能源化工应急装备

第三节　典型代表省份——四川

一、发展概况

四川省是我国西部工业门类最齐全、优势产品种类最多、工业实力最强的工业基地，也是西部地区金融机构最多、种类最齐全、金融业最发达、开放程度最高的省份。2020年，四川省工业增加值13428.7亿元，比上年增长3.9%，对经济增长的贡献率为36.3%；截至2020年年末，四川省共有规模以上工业企业14843户，全年规模以上工业增加值增长4.5%。随着工业自动化、智慧化水平的不断加深，计算机、通信和其他电子设备制造业得到长足发展，2020年该行业增长速度最快，增加值较上年增长17.9%；高技术制造业增加值增长11.7%，占规模以上工业增加值的15.5%。在整体布局上，四川省是促进"一带一路"倡议和长江经济带联动发展的战略纽带，是连接我国西南西北、沟通中亚南亚东南亚的重要交通走廊、内陆开放的前沿地带和西部大开发的战略依托，在全国经济发展大局中占有重要地位。

四川省重视发展安全应急产业。在经济快速增长、产业智慧化水平不断提升、新业态不断涌现的同时，安全应急保障工作需求随之提升。2016年，四川省发布了《四川省人民政府办公厅关于加快应急产业发展的实施意见》（川办发〔2016〕55号），要求全面促进四川省应急产业发展。该意见制定了"力争到2020年，全省应急产业规模显著扩大，应急产业体系基本形成"的总目标；将监测预警类、预防防护类和处置救援类应急产品，着力催生应急服务新业态作为重点领域；提出了加快推进应急产业示范基地建设、加快应急产业关键技术和装备研发、建立应急产业领域科技创新体系、支持骨干企业加快发展、强化应急产业项目建设、促进应急产业开放合作等重点任务。2017年7月，四川省德阳市人民政府发布了《关于加快德阳市应急产业发展的实施意见》（德办发〔2017〕44号），要求将应急产业作为新的经济增长点加以重点培育，并以关键基础设施保护、低空应急救援、大功率铝空燃料电池应急供电和国际地震地质灾害教育培训演练等产业为突破口，重点培育预警预测、预防防护、救援处置、低空应急救援领域。2020年，德阳市印发了《德阳市国家应急产业示范基地培育与发展三年行动计划（2019—2021年）》和《德阳市应急产业发展规划（2019—2023年）》，明确了德阳市发展安全应急产业的总体思路、发展目标、重点任务和保障措施，提出要重点建设三个应急产业带和一个国际交流平台，力争到2021年培育5个以上国内一流、国际领先的销售收入超过10亿元的应急产业骨干企业集团和超过20家应急产业特色企业。

二、发展重点

德阳市是四川省发展安全应急产业的桥头堡。2017年，四川省德阳市获批成为我国第二批国家安全应急产业园区。德阳市以"创新驱动、两化融合、突出重点、协同发展"为基本原则，预警预测、预防防护、救援处置、低空应急救援为安全应急产业重点发展方向，将关键基础设施保护、低空应急救援、大功率铝空燃料电池应急供电和国际地震地质灾害教育培训演练等产业为突破口，着力将安全应急产业培育成为新经济增长点，同时依靠发展安全应急产业加快工业经济结构调整和转型升级。

德阳市以三个应急产业带和一个国际交流平台为核心，构建具有德阳特色的安全应急产业体系，打造辐射我国西部乃至一带一路的安全应急产业发展格局。即以德阳经开区为依托，建设关键基础设施应急装备与服务产业带；以德阳高新区—广汉市—什邡市为依托，建设西部低空救援应急服务产业带；以汉旺—穿心店地震遗址保护区为依托，建设国际应急文化产业带；以汉旺论坛为依托，打造应急产业国际交流与合作平台。为切实促进国家应急产业示范基地建设，德阳市于2020年5月颁布了《德阳市支持国家应急产业示范基地建设的若干政策》，对鼓励

企业入驻投资、鼓励企业上市和产品推广、鼓励企业开展产学研合作、争取项目、进行知识产权战略和人才战略等,制定了相关补贴、补助或奖励标准,以提升企业参与安全应急产业建设的积极性。

低空应急救援是德阳应急产业最具特色的部分之一。德阳市依托中国民航飞行学院开展飞行员培训,目前已成为全球飞行训练规模最大、训练能力最强的飞行员培训基地,低空应急救援人才基础充沛。低空旅游、勘测、应急救援、培训等已成为西林凤腾通航、星耀航空和三星通航等通航企业的常态业务,在航空装备上,德阳市拥有航空零部件生产企业17家、航空材料生产企业10家,航空器研发制造和配套产业体系较为完善。德阳通航企业参与了"5·12"汶川特大地震、"4·20"芦山强烈地震、"8·8"九寨沟地震等自然灾害的救援工作,平时也与德阳市第六人民医院等医院联合参与进行航空医疗救援工作。三星通航等公司已与国家气象局达成合作,增雨飞机队伍可随时参与重大自然灾害救援。

园区篇

第十章 徐州国家安全科技产业园区

第一节 园区概况

发展安全应急产业是徐州高新技术产业开发区（以下简称"徐州高新区"）建设的重要内容。早在2005年，主要是依托中国矿业大学学科优势和徐州高新区产业基础开启的。2010年，徐州国家安全科技产业园开始建设，并由徐州高新区、中国安全生产科技研究院、中国矿业大学等单位共同推进。2013年9月被工信部、原国家安监总局列为国家安全产业示范园区创建单位，2013年12月，被科技部批准为国家火炬安全技术与装备特色产业基地。2016年，徐州安全科技产业示范园被国家工信部、国家安监总局批准为全国首家、目前唯一的国家安全产业示范园区。2018年省政府将"支持徐州国家安全产业示范园建设"写入《关于加快安全产业发展的指导意见》，提出聚集各方面优势，支持园区建设。2019年被工信部评为国家应急产业示范基地。

园区总体规划面积15平方公里，其中核心区1平方公里、装备制造产业基地4平方公里、产业规划发展区10平方公里，已建成核心区一期工程50万平方米，重点推进国家安全科技研发与学术交流中心、国家安全技术与产品交易中心、国家安全监管大数据服务中心和国家安全装备生产制造基地"三中心一基地"建设，全力打造集成技术研发、项目孵化、成果转化、产业基地、园区承载为一体的中国安全产业"样板园区"。目前园区内集聚安全科技研发平台46个，承担国家、省市科技项目 60 余个，安全应急产业企业已达 300 多家。

第二节　园区特色

一、产业体系日趋完善

目前，园区安全应急产业涵盖了矿山安全、消防安全、危化品安全、公共安全、交通安全、居家安全六大细分领域，发展为以安全应急高端装备制造业为基础，集技术研发、项目孵化、成果转化、咨询服务、安全培训、成果展示、信息化平台等为一体的综合性安全产业集聚区，形成了以徐工集团为龙头，五洋科技、云意电气等上市企业为推动，新奥能源安全、华录大数据、安华消防新材料等特色企业为支撑的现代安全应急产业体系。在全国率先建立 10 亿元地方安全产业发展基金、2 亿元天使投资基金。

二、扶持力度不断加大

2018 年启动实施"部省共建"计划，徐州安全应急产业迎来了大发展。徐州高新区安全应急产业已被列入江苏省"十三五"规划重大产业发展支撑载体、省重点推进的特色战略产业集群，省政府办公厅出台《关于加快安全产业发展的指导意见》，聚集各方面优势，支持徐州安全及应急产业示范园建设；市委、市政府相继出台产业培育、招商引资、人才引进、平台打造等一系列扶持政策，印发《徐州市 2018 年推进安全产业加快发展重点工作安排》（徐政办发〔2018〕74 号），为高新区安全应急产业加快发展优化了政策、汇聚了要素、拓展了空间。每年拿出 1000 亩建设用地指标、设立 200 亿元奖励产业引导基金，支持安全应急产业发展，为安全应急产业实现快速发展提供了坚强保障。目前，安全应急产业列入市重点研发计划（产业前瞻与共性关键技术）项目指南一级目录。中徐公司与俄罗斯、德国两所高校共建的国际技术转移中心纳入了市经信委"一带一路"重点支持并推荐进入省"一带一路"重点项目库。

三、装备技术保持领先

园区已有30多家企业、近百个产品被应急部纳入推广应用目录。徐工消防连续4次刷新亚洲最高登高平台消防车纪录,举高车国内市场占有率超过60%,同类产品竞争力位居全球前四;安华消防新材料融合兵工集团、航天二院开发的消防新材料、森林灭火系列产品(远程炮、无后座力炮)、超高层无人机灭火装备等成功在中国安全产业大会、杭州国际应急消防装备展等活动上实战演练,成为业内公认、颠覆传统消防模式的新一代产品。华洋通信自主研发的"煤矿多网融合通信与救援广播系统""煤矿多网融合通信联络系统"被原国家安监总局列为年度推广先进安全技术装备,应用于10余家煤炭企业的20余个大型矿井。安元科技建设的全国城市与工业安全大数据服务平台,应用在全国178个城市和2万多家企业。

四、安全科技创新体系已经形成

一是加快推进创新平台建设。徐州市形成以徐州高新区为引领,14家省级开发区、7家南北共建园区以及"一城一谷一区一院"四大创新平台交相呼应、协调发展的总体布局。

二是加快推进产学研合作发展。吸引了清华大学公共安全研究院、挪威船级社国际安全评级学院及本质安全研究院、中国矿业大学安全科学与应急管理研究中心等创新中心落户徐州,徐州高新区4家海外跨境孵化器、3家国际技术交流专业中心成立运营,全面推动产学研合作深入发展。

三是加快推进创新创业平台建设。建设了徐州市安全教育培训基地、国家级孵化器大学创业园、省级安全科技小镇等一批教育培训资源和创新创业平台。

四是加大创新创业人才招引。已建设国家及省级研发机构40个,引进院士团队5个,千人计划专家等高层次人才19人,成功搭建了危化品安全大数据平台、用电安全监管大数据平台,与中国安全生产研究院联合组建了安全生产监察监管大数据平台徐州分中心。

五、以安科小镇建设提升园区项目承载力

园区核心区占地 1500 亩，建筑面积 133 万平方米。核心区一期已建成 35.8 万平方米，在建 14 万平方米，包括产业中心一期、人才公寓、园区服务中心、传感器产业园等。以园区为核心，统筹生产、生活和生态空间布局，先后布局了公交车、公共自行车、分时租赁电动汽车，建设了 5.4 万平方米综合服务中心，配套相应的人才公寓，结合轨道交通 3 号线建设，规划了商务中心，创建的徐州安科小镇，被徐州市新型城镇化建设领导小组特色小镇创建工作办公室列为 2018 年徐州市产业类特色小镇示范点。

六、PPP 模式市场化运作

目前，园区已与江苏中业慧谷集团携手合作开发建设运营，秉承以产兴城、产城融合的运营理念，政府主导、企业运作、合作共赢的市场化的 PPP 模式运营。其运营范围包括高标准厂房、行政办公楼、商服中心、配套公寓等。预计 2022 年 6 月园区 E 区将交付使用，整合园区入驻企业将超过 500 家，提供近三万人就业。

第三节 有待改进的问题

一、产业结构有待调整

具体来看，产业结构上，装备制造业、资源加工业、劳动密集型等传统行业所占比重较大；高新技术企业、外向型经济企业相对偏少，经济总量偏低。产品架构上，国内外知名品牌较少，国内外市场小，产品结构处于由初级阶段向次高级水平过渡中，仍具有明显的资源指向性和粗放性特点。

二、工业用地影响产业布局

园区的快速发展，工业项目增多，土地计划指标远远不能满足项目建设的需求，用地供求矛盾日益尖锐。虽然市区加大了煤塌地、荒山的

复垦和新农村改造力度,但置换出的土地数量对工业用地来说也是杯水车薪。另外,个别项目工业用地结构与布局不合理,土地供应机制缺乏科学性,土地利用的阶段性和长远目标还没有形成,单位面积土地投资强度较低,出现粗放用地和浪费土地现象。

三、产品智能化水平有待提升

园区安全应急产业主要以工程机械装备的制造为主,与互联网、大数据及人工智能等信息技术融合度不足,尚没有构建制造业全价值链协同发展的思维框架。园区针对研发、生产、管理、营销等制造全过程,推动制造装备数字化、网络化、智能化升级改造工作的动力不足。高精度复合型数控机床、工业机器人、智能传感与控制装备、智能检测与装配装备、物流成套设备等高端智能装备虽然有所研发,但在提升园区安全应急装备智能化转型进程上稍显不足。

第十一章

中国北方安全（应急）智能装备产业园

第一节　园区概况

近年来，中国北方安全（应急）智能装备产业园以强化科技支撑为发力点，以市场需求为导向，依托各级安全应急产业发展支持政策和营口高新区（营口自贸区）及其他工业园区的资源优势、政策优势，围绕国家安全应急产业发展方向大力推进园区建设和发展工作，产业规模持续壮大，科技含量和特色产品比例提高，部分企业和产品的行业影响力不断提升。

2020年，营口市的中国北方安全（应急）智能装备产业园建设工作发展态势良好，各项指标呈稳定发展趋势，初步形成了以营口高新区为主要承载区，布局其他重点园区的安全应急产业发展格局。产业园拥有安全应急产业及相关企业逾330家，生产能力突破800亿元，产值超过230亿元，园区内企业主要产品有车辆零部件和汽车检测维保设备、安全环保新材料、火灾消防设备、危险化学品监测监控设备、工业高端装备制造、小区智能安防设备、军工国防安全装备、各类安全门等8个门类100多个品种，其中，营口新山鹰报警设备有限公司、中意泰达（营口）汽保设备有限公司、辽宁瑞华实业集团高新科技有限公司、辽宁新洪源环保材料有限公司等安全应急产业企业超过200家，产品涉及4大类100多个品种，总体销售收入稳定在100亿元以上。车辆零部件和检测维保设备、安全环保新材料和火灾报警设备等制造是园区的主导产业，技术产品不但成为国内知名品牌，在国际市场也形成了一定的影响力和知名度。

第二节　园区特色

一、积累深厚，特色产业优势突出

营口市是世界五大汽保生产基地之一，也是中国最大的汽车保修设备生产基地，汽保设备生产规模列全国首位，产品销往35个国家和地区，出口总额占全国出口总额的40%，国内市场覆盖率达到86%；产业园内的新材料龙头企业忠旺铝材，是全球第二大、亚洲最大的工业铝挤压产品研发制造商，产品广泛应用于绿色建造、交通运输、机械设备及电力工程等领域。基于营口市的产业特色和基础，营口市精准定位，确定以汽车故障诊断仪器和保修设备、安全环保新材料为特色作为营口市的安全应急产业园区建设发展主攻方向。

二、智能化发展和上下延链稳步推进

从产业链的构建看，营口市安全应急产业以往的发展主要集中在产品制造环节，近年，营口市正在通过合资建设、项目带动等方式向产业链上游的研发设计和下游的安全服务延伸。2019年，营口高新区（营口自贸区）管委会与南京安元科技有限公司共同出资建设"营口安全产业技术研究院有限公司"，并以此为平台，建设"工业机器人生产基地""消防机器人生产基地""物联网设备生产基地"和"安全产业大数据中心"等项目，将营口市安全应急产业推向互联网技术持色的智能化发展。

三、各方合力保障推进产业发展

一是增强支撑保障。在组织保障方面，重新调整了产业园建设领导小组，将领导小组办公室设在营口高新区，负责领导、统筹、协调领导小组各成员单位以及营口市安全应急产业建设发展的相关工作；在基础研究方面，组织编写产业园建设发展规划（2020—2025）并制定专项工作方案，明确了工作思路、主要目标、重点发展领域、重点工作任务、保障措施等内容，为安产园建设提供了有力支撑。此外，营口市政府还

在汽保、消防等重要行业和企业给予一定推动，积极做好产业扶持引导工作。

二是做好招商引资。2017年出台了《加快推进安全产业项目招商工作若意见》，2019年出台了《关于推进中国北方安全（应急）智能装备产业园建设的工作方案》，用以指导和规范安全产业园区建设和招商工作。洽谈推进的一批安全应急产业项目，有些项目已落地实施，有些项目进入实质性操作阶段。

三是积极开展合作与对接。组织营口市安全产业联盟与营口市汽保行业协会开展产业拓展与合作对接；对接东北大学、北京应急技术创新联盟等科研院所和机构，研究合作建设安产园事宜；组织企业联合参展，宣传展示安产园建设发展成果；组织推荐安全应急先进实用新技术和产品参加省应急管理先进技术与装备的指导目录征集。

第三节　有待改进的问题

一、产业总体规模有限，集聚效应尚未形成

总体上看，营口安全应急产业发展速度较缓、动力有限。与国内其他安全应急产业基地相比，营口当前安全应急产业规模偏小。由于受到经济和市场需求下滑的整体趋势影响，部分前些年处于较好发展态势的企业发生萎缩，产品市场占有份额下降幅度较大，已初步形成的相关产业链条发生断裂，致使营口地区安全应急产业发展的总体结构发生改变。

二、产业集中度较低，缺乏大型龙头企业

营口市的安全应急产业包括特种车辆及汽车保修设备、安全材料、火灾消防设备、矿山井下物联网安全监测监控、智能化装备制造、危险化学品安全监控预警技术装备等多个产业领域，除了汽车保修设备和安全材料已经成为地区优势产业，其他方面并未形成主导优势，企业规模普遍较小，产业集中度不高，缺乏大型龙头企业带动，无力形成较强产业发展的凝聚力。

三、市场推动力不足，政府引导需要加强

总体上来说，政府及其相关部门在建设发展安全应急产业方面重视程度不够、投入不足，在政策和资金支持力度方面需要进一步提高。虽然在汽车保修设备行业以及消防等主要行业给予了一定推动，但总体效果不够理想，与其他省份对安全应急产业给予的重视程度与支持力度相比还有一定差距。政府在产业发展中的政策引导作用尚未充分发挥，资金投入、政策扶持、组织保障等方面需要进一步加强。

四、研发基础相对薄弱，产业体系有待完善

从产业链的构建看，营口的安全应急产业主要集中在产品制造环节，相对而言，产业链上游的研发设计和下游的安全服务比较薄弱，不能够均衡发展和相互带动。现有的省级企业（含工程技术研究）技术中心及市级企业（含工程技术研究）技术中心规模小、研发能力弱，缺少国家重点大学、行业内重要研究机构、大型企业研发机构等方面的有力支撑，从而导致产业发展后劲不足。

第十二章

合肥公共安全产业园区

第一节 园区概况

合肥高新区是1991年3月经国务院批准成立的首批国家级高新技术产业开发区。经过30年的发展,合肥高新区已成为安徽省新兴产业门类最全、创新潜力与活力最优、金融资本最为活跃、政策集成度最高、人才资源最为丰富的地区之一。2015年12月,合肥高新区获原国家安监总局和工信部批复成为国家级安全产业园创建单位;同年获得工信部批复成为首批国家应急产业示范基地。"十三五"以来,伴随着多项示范平台获批与建设,合肥高新区安全应急产业取得跨越式发展,基本形成完备产业链条和特色产业集群。

合肥高新区紧抓国家大力发展安全应急产业的战略机遇,按照"领军企业—重大项目—产业链—产业集群"的思路,积极推进园区快速发展。产业集群主要涵盖交通安全、矿山安全、消防安全、电力安全、安全信息化五大门类,拥有一大批国内领先的安全应急企业和产品。目前,安全应急产业已成为高新区第二大产业,拥有企业200余家,从业人员近2.2万人。2020年实现营业收入超420亿元,年复合增长率达15%,对合肥市战略新兴产业增长贡献仅次于平板显示、光伏新能源,企业的营业收入、税收等指标逐年递增,强力的拉动了合肥市及安徽省的战略新兴产业增长。

第二节 园区特色

一、信息技术特色突出

园区以新一代信息技术应用为核心，加强前瞻部署，在新一轮技术和产业革命中率先突破并产生协同效应，掌握了发展主动权。这主要是源于安徽省、合肥市政府对安全应急产业发展战略的高度重视和超前谋划，也是基于安全信息技术的发展前景，做出的一个综合预判和科学的考量。如中电38所的合成孔径成像雷达（SAR）遥感成像技术处于世界先进水平，在淮河水灾监测、数字城市建设中得到成功应用；由国际领先的浮空器搭载的空中监测系统，成功应用于奥运安保和世博会等，被誉为"世博天眼"；四创电子的应急指挥车已成功进入人防、公安、消防等公共领域，分布于10多个省市，占据整个市场份额的60%以上。

二、细分领域发展全面

园区将信息技术的应用于创新作为产业链核心，将突发事件应急过程作为产业链条，全面发展安全应急产业。当前，产业覆盖了监测预警、预防防护、处置救援、安全服务四大核心环节，形成了交通安全、矿山安全、消防安全、电力安全、安全信息化五大重点产业集聚，并以此为基础，形成了一批市场开拓能力强、成长性较好的安全应急产品制造企业集群，具备了一定的比较优势和区域特色。园区信息技术企业迅速集聚，中电38所、科大讯飞、四创电子、国盾量子等一批自主培育企业发展势头迅猛，同时引进了赛为智能、新华三、海康威视等国内外知名龙头企业。此外，为给不同发展阶段的安全产业企业提供差异化服务，合肥高新区以孵化器为核心建立了"众创空间＋孵化器＋加速器＋创业社区"一体化的创业孵化链条，构建"大企业顶天立地、小企业铺天盖地"的良好企业培育生态系统。

三、支撑平台效果显著

安徽省政府在《合肥综合性国家科学中心实施方案（2017—2020

年）》中明确提出要建设"2+8+N+3"多类型、多层次创新体系。2020年是此方案收官之年，园区积极打造产学研一体的安全应急产业科技创新平台，累计建设各类联合实验室、技术研发和成果转化平台近100个，转化各类成果800余项，孵化企业600余家。推进研发机构建设，园区国家级企业技术中心6家、国家级工程技术研究中心5家、省级（工程）技术研究中心32家、企业博士后工作站39个。持续引进人才，拥有安全产业领域省、市产业创新团队60多个，引进量子通信潘建伟院士团队、创建磁智能传感系统分中心等。

四、扩大对外宣传影响力

2020年，全国安全应急产业发展形势大好。12月，2020中国（合肥）安全产业及应急装备展览会在合肥举办，近200家行业品牌企业参展，近万名专业观众观展。合肥公共安全产业园区内众多生产制造型企业也纷纷组团观展交流。通过参加具有影响力的论坛展会，对于促进安全应急产品技术的应用和推广、促进行业内政产学研用互动对接、加强园区和基地经验分享交流、提升各行业本质安全水平起到积极作用。

第三节　有待改进的问题

一、园区创新体系尚不完善

合肥高新区尚未建立起安全应急产业应用的新商业模式，普惠性政策较多，但专项支持政策仍然相对不足，在人才培养和聚集、产业形态构建、商业模式规范、技术整合方式、金融支持保障等方面还没有建立起与传统产业有差异的新型创新服务体系。并且，高校和科研机构不能主动把握安全应急产业的发展方向和需求，安全科技成果转化、安全产业项目落地、创新平台建设、人才引育等领域有待进一步完善。

二、产业内涵有待进一步开拓

目前，园区的主导产业主要集中在第二产业，多应用于交通安全、矿山安全、消防安全、电力安全、安全信息化等五大领域。而在安全应急服务业领域，主要集中在评价审核、教育培训、检测检验等方面，安全保险、融资租赁、仓储物流、演练培训、安全云服务等方面均尚显不足，而此部分将是未来发展的重点。

三、核心竞争力不够突出

合肥公共安全产业园涉及领域较广，在发展安全应急产业过程中，产业特点并不是十分突出，各细分领域争资源、争人才、争政策、争市场的问题正逐步加大，无法形成行业品牌优势和核心竞争力。由于资源投入分散，龙头企业虽有一定的影响力和市场号召力，但对品牌价值的挖掘、开发、提升力度不够，有利于品牌发展的竞争环境还未形成，也没有通过对产品深度的推广而获取更大经济价值。

第十三章

济宁安全产业示范基地

第一节 园区概况

济宁国家高新技术产业开发区（下简称"济宁高新区"）成立于1992年5月，2010年经国务院批准晋升为国家高新技术产业开发区，2017年1月经工业和信息化部、原国家安全监管总局的批准成为我国第四家国家安全产业示范园区创建单位。济宁高新区总面积255平方公里，下辖洸河街道、柳行街道、黄屯街道、王因街道、接庄街道等五个街道，常住人口35.7万人。在创新方面，济宁高新区是国家科技创新服务体系、创新型产业集群、战略性新兴产业知识产权集群管理和科技创业孵化链条试点高新区，也是山东省人才管理改革试验区、省大数据产业聚集区、省科技金融试点区。此外，济宁高新区还先后获批国家高新技术产业标准化示范区、国家级版权示范园区、首批省级外贸转型升级试点县、五星级国家新型工业化产业示范基地、山东省信息技术产业基地等。

济宁高新区2020年经济发展成绩优异。在新冠肺炎疫情带来的经济损失下，济宁市高新区提出并贯彻落实了"一季度全面复工、二季度以丰补欠、三季度加速增长、全年任务目标不变"的工作要求。2020年全年，济宁高新区GDP共实现455亿元，较2019年全年增长4.1%；共实现营业总收入3590亿元，较上一年度增长11%；固定资产投资达243亿元，较上一年度增长4.3%；一般公共预算收入40.1亿元，较上一年度增长2.5%；规模工业增加值较上一年度增长6.24%；外贸进出口总额 124.6 亿元，较上一年度增长 6.9%，主要经济指标在全市持续领跑。目前济宁高新区在山东省开发区评比中位居第 6 名，进入全省国家级高新区前 3 强；在全国高新区排名中位次快速提升，三年中位次总计上升 28 名，目前在第 79 位，进步幅度位于全国前列。

高新区依托重点项目推进经济快速恢复和高速增长，在往年工作基础上持续开展"双百工程"攻坚工作，取得良好成绩。目前，"双百工程"包含产业项目、城建项目等 5 个板块总计 220 个项目，总投资达 1324.8 亿元。截至 2020 年 12 月底，"双百项目"已完成投资 270 亿元，竣工项目 61 个，项目开工率 92%。在市委、市政府开展的 7 次"三重"工作排名中，高新区排名靠前事项总量 5 次位居第 1；在全市"百日攻坚"考核评比中荣获第 2 名等成绩。

济宁高新区将科技创新作为产业发展核心动力，推动全区产业创新型发展。2020 年，济宁高新区高新技术产业产值占比超过 50%，占比及增幅居济宁市第一位；国家高新技术企业总计 140 家，省级以上科创平台达到 200 家，稳居全省省级以上开发区前十；2020 年获批国家高新技术企业 65 家，较上年度净增 26 家，获批数量、净增数量均位居全市第一位。在科创平台方面，2020 年，成立于 2019 年末的济宁创新谷发展集团有限公司正式发力，该公司作为济宁高新区重要科创平台，主要进行对科技项目的投资、运营、管理及科技成果转化及企业孵化工作，在全市"一谷一区一论坛三中心"创新大格局中发挥了科技投资领头羊作用，运作成立了全省第一家实体运作的市级产业技术研究院。在人才方面，目前济宁高新区聚集诺贝尔奖获得者 2 名、海内外合作院士 12 名、国家级重点人才 23 名、省"泰山学者""泰山产业领军人才"35 名，常驻外国专家 300 余人，拥有产业技能人才 3.5 万人，产业创新发展预期良好（见表 13-1）。

表 13-1 济宁高新区安全产业部分代表企业

领域	企业名称	基本情况
应急救援装备	山推股份	全球建设机械制造商 50 强，推土机国内市场占有率达到 72%，无人驾驶推土机已经下线
	小松系列	该企业群是国内最大液压挖掘机生产基地

续表

领域	企业名称	基本情况
应急救援装备	山推机械	该企业群是国内重要的全系列叉车、多系列旋挖钻机、桩工机械生产基地
应急医疗物资	英特力	特种野战光缆、野战光通信系统、无人机升空平台、应急综合指挥车、无人驾驶汽车等多项产品填补国内空白,占部队通装的85%
	鲁抗集团	国内唯一拥有半合抗三大母核完整生产链的企业
	辰欣药业	输液产销量居全国单厂第一,是全国医药工业百强企业、国内输液领军企业,拥有静脉营养大容量注射剂国家地方联合工程实验室
智慧矿山	浩珂矿业	中国最大的煤矿安全用非金属高分子材料开发制造服务商,在矿用非金属材料领域领衔制定4项国家标准,核心技术获国家科技进步二等奖,市场占有率达80%
	捷马矿山	生产五大系列锚杆产品、三大系列锚索产品、顶板桁架以及托盘、钢带等各种规格的产品120余种,母公司美国捷马公司是世界上最大的矿山顶板技术研发和产品制造公司
	科大机电	自主开发和生产应用于散料输送设备的液粘传动装置、盘式可控制动装置、断带保护装置、液压自动张紧装置、高效低噪声托辊等十多项专利产品,获国家技术发明二等奖
智能交通	山东省科学院激光研究所	发起成立了山东省煤矿安全光纤传感技术创新战略联盟,矿山安全光纤检测技术科技研发平台获批创建国家安全生产科技支撑平台
	济宁科力光电	国内光电保护装置技术的领航者,起草了光电保护装置国家标准,打造了国产光电保护装置的第一知名品牌——"双手"
	山东广安电子	主要为中国汽车产业、汽车安防、智能交通产业提供优质的基于卫星定位应用技术开发的产品和解决方案,建立了北航-广安北斗卫星导航工程技术研究中心
安全应急服务	惠普基地	投资20亿美元布局软件人才实训基地,软件开发测试及IT资源服务中心、产品演示中心、惠普产业基地,软件测试中心已获批CMA资质,惠普软件产业国际创新园获得科技部认定
	永安安全生产科技研究院	拥有安全评价机构乙级资质,安全生产标准化审单位二、三级资质,职业病危害因素检测认证资质。拥有安全生产事故隐患排查治理专家110余人,各类检测检验设备仪器230余台

续表

领域	企业名称	基本情况
安全应急服务	国翔信息科技有限公司	开发"基于物联网的煤矿安全信息管理系统"被中国软件行业协会评选为中国优秀软件,已在国内 200 多家煤矿得到应用,市场占有率居国内前三名

数据来源:赛迪智库整理,2021 年 1 月。

第二节　园区特色

一、以安全装备产业园为核心推进安全应急产业发展

安全装备产业园是济宁高新区安全应急产业发展核心。园区位于济宁高新区东部,位于黄屯街道驻地,规划建设用地约 1200 公顷,紧靠 327 国道、崇文大道,距离济宁市中心 10 公里,兖州市中心 15 公里,兖州高铁站 7 公里,济宁新机场 20 公里。安全装备产业园重点发展安全应急产业、智能装备制造业、医养健康产业等,同时主要承担国家安全应急产业示范基地的创建工作。园区已建成 5 个工业片区,计划在 2021 年年内入驻企业 18 家,累计规模以上企业达到 160 家。

目前济宁高新区安全应急产业园已形成"5+2"产业布局。产业园围绕"5 大产业链条"和"2 大产业方向"开展安全应急产业建设,加快打造"5+2"产业发展新布局。目前园区已发展成为五大产业聚集区:以巴斯夫、浩珂科技为代表的矿用安全防护产品制造业;以鲁抗医药、鲁华龙心为代表的医养健康产业;以莱尼电气、双亿汽车电子为代表的关键汽车零部件产业;以路得威、友一机械为代表的工程机械主机制造产业;以锐博机械、松岳建机为代表的工程机械高端配件制造产业等。

安全应急产业园紧抓应急救援装备产业特色,通过安全应急产业细分领域协同发展,稳步提升济宁高新区安全应急产业发展质量和供给能力。预计到 2025 年,安全应急产业园将实现孵化培育安全应急产业企业超过 30 家、营业额年均增长 10%、园区产值突破 150 亿元等多项目标。此外,产业园还力图打造全省知名的消防产业链条,整合巴斯夫、浩珂科技、顶峰航工、航工消防、亨顺消防、恒泰消防、沿峰智能等多家企业,依托龙头企业带头作用,加快构建消防产业链。

二、全方位政策支持安全应急产业快速发展

济宁高新区持续优化安全应急产业政策环境，从多维度为安全应急产业发展开拓空间。2019年2月，《关于推动创新创业高质量发展打造"双创"升级版的意见》（济高新管发〔2019〕3号）要求进一步优化创新创业环境，加速孵化器、众创空间、特色产业园区建设，推动形成线上线下结合、产学研用协同、大中小企业融通发展的创新创业格局；3月，《济宁高新区管委会办公室关于印发〈济宁高新区招商引资新项目引荐人奖励办法〉的通知》（济高新管办发〔2019〕3号）针对项目引荐人制定了系列奖励措施，鼓励招商引资项目落地；4月，《关于进一步规范小微园区建设发展的实施意见》（济高新管发〔2019〕7号）要求对安全装备产业园在内的各类工业园区进行全面规划，解决规划定位低、产业层次低、产出效益低、管理服务能力差、可持续发展能力弱等可能存在的问题，推动园区和特色产业高端化、高质量发展；7月，《济宁高新区管委会关于建立应急管理体系的通知》（济高新管发〔2019〕10号）提出，要建立健全应急管理体制机制，建立完善困难救助、抢险救灾等应急物资储备体系；10月，《济宁高新区新一代信息技术产业发展规划（2019—2023）》提出，要提升制造装备的数控化率和智能化水平，推进生产全过程智能化，将系统解决方案作为重点培育产品加以支持；同月，《济宁高新区高端装备产业高质量发展五年攻坚行动方案》指出，要培育发展汽车零部件产业和安全装备产业，推进高新区新兴装备产业培育发展，以浩珂科技、赛瓦特、英特力、安立消防为依托，重点发展矿用安全装备、应急通信装备、应急消防产品，到2023年产值力争突破200亿元。2020年1月，《济宁高新区管委会印发〈关于开展"四即模式"流程再造的实施方案〉的通知》（济高新管发〔2020〕1号）提出了"开工即开业、拿地即开工、建成即使用、呼叫即回应"等放管服系列要求；6月，《关于鼓励支持工业企业开展技术改造行动的实施意见》提出，要实施安全产业工业产品、生产工艺和装备的技术改造，鼓励安全生产管理与监测预警系统、应急处理系统、危险品生产储运设备设施等技术装备的升级换代。济宁高新区系列政策从顶层规划到行业管理，涉及了安全应急产业规划、园区管理及产业升级、安全应急产业

智能化发展、创新创业鼓励机制、应急管理体制机制建设、放管服产业营商环境优化等多个角度,其中以顶层设计统筹全区资源,依照安全应急产业发展需求进行优化配置,为安全应急产业发展提供全方位保驾护航。

三、"双百工程"助力产业发展

高新区依托区"双百工程"开展重点项目建设,推进全区各类产业项目和基础设施建设快速发展。2019年高新区"双百工程"计划投资314亿元,续建项目81个、新建项目94个、前期项目36个;2019年上半年,产业项目中安利消防器材、纬世特碳化硅等9个项目试生产,艾美科健制剂、上海绿瀚高强钢车轮等3个项目处于设备采购阶段,鲁能广大钢结构、鲁抗二期、莱尼二期、圣地智能电力产业园等21个项目主体施工,永生重工工程机械配套、瑞城宇航高模量碳纤维等37个项目处于基础设施施工阶段。

2020年高新区"双百工程"项目投资及完成度实现了飞跃式提升。截至2020年年末,"双百工程"共计220个项目,总投资1324.8亿元。为提升项目开工率、促进项目完成,济宁高新区实施了重点项目包保责任制、强化项目建设要素保障、实行重点项目挂图作战推进体制和"一线工作法"等方法,至2020年年末,实现完成投资270亿元、竣工项目61个、项目开工率92%的好成绩。

在紧抓项目质量的同时,省级项目也在高新区纷纷落地。2020年全年,济宁高新区新增山东省重点项目5个、省优选项目3个、省双招双引项目3个、省补短板项目3个,新开工项目、新投产项目、新上"四新"项目的个数和增幅实现"双领先",省级重点项目个数位居济宁市全市第一,其中60个项目破土动工,完成投资超百亿元。

第三节 有待改进的问题

济宁高新区安全应急产业起步较早、基础雄厚、发展迅速,"一区十园"建设成效显著,未来安全应急产业发展仍有改进空间。

其一,安全应急产业政策环境需要持续优化。随着国际新冠肺炎疫情形势的不断变化和我国新基建的快速开展，我国各行各业安全应急保障需求也在不断变化和提升，公共卫生保障需求、智能化信息化安全生产管理保障需求将是未来我国安全应急产业发展所需满足的重点保障对象，为此济宁高新区宜紧紧抓住应急救援装备产业特色，持续提升产品智能化水平，发展产品即服务产业模式，提升安全应急产业供给质量，加快服务型制造转型。

其二，传统产业活力有待提升。高新区内部分传统行业的龙头企业开拓、抢占新市场动力不强，在开展新业态、研发新产品方面兴趣较小，对产业规模增长的带动作用有限，不利于相关产业持续提升供给质量和转型升级。

第十四章

南海安全产业示范基地

第一节 园区概况

南海区作为粤港澳大湾区的重要组成部分，发展安全应急产业，围绕制造强国战略，凭借着完善的产业体系和发达的制造业基础，抢抓粤港澳大湾区建设机遇，充分利用广佛两大超级城市腹地的优越区位优势，并通过建载体、搭平台、聚生态、开盛会，打造安全应急产业集群，构筑粤港澳大湾区安全应急产业创新高地，打造以安全防护类和安全应急服务类为特色的国家级安全产业示范基地。目前，南海区已形成齐头并进，东西片区各有优势的格局。其中，丹灶是制造重镇，安全应急产业偏向于安全防护类智能制造，大沥是商贸重镇，在安全应急服务方面具有优势。2018年11月，粤港澳大湾区（南海）智能安全产业园获批"国家安全产业示范园区创建单位"，同时建设广东省大数据产业园，广东省科学院仙湖科创加速器、院士成果转化中心等重点平台，举办2020粤港澳大湾区"智能+"安全展览会暨企业对接会，协办2018中国安全产业大会、2019中国安全产业大会等，加强品牌建设。

园区涵盖生产安全、建筑安全、消防安全、环境安全、智慧安防、交通安全、安全服务、工业互联网+安全生产等领域，其上游原材料、技术研发平台、配件加工等链条相对完善，下游如市场、应用端、集成商等较为广阔。同时，园区内近50家国内外知名品牌企业和"隐形冠军"企业中有超过20%的企业在业内占据全球领先地位，属于世界知名品牌，超过 60% 的企业在我国市场份额中处于领先地位。园区及辐射区的徐工集团塔机项目、中科云图、世寰智能、理工亘舒、宏乾科技、安林科技、乾行达等安全应急产业企业在其细分行业内属于知名品牌，同时与华为、360、徐工信息、中保网盾、东华软件等龙头企业展开深入合作。当前，南海已拥有 12 个超 200 亿产值的产业，构建国内创新能力最强、产品最先进、市场反应机制最健全的安全应急产业链，配套率达 90% 以上，为加快区域传统产业的转型升级，发展智能安全应急产业提供产业支撑，预计在 2025 年实现产值 600 亿元。

第二节 园区特色

一、坚持制造与服务双核并进

南海区坚持安全应急产品制造与服务两手抓，在制造方面，依托粤港澳大湾区（南海）智能安全产业园、日本中小企业园等产业集聚区，率先发展智慧安防、应急救援类产品等安全防护产品制造。截至目前，园区已经吸引 10 多个重大安全平台进驻，超 60 家智能安全企业落户。在安全应急服务方面，园区已建设佛山市南海区公共安全技术研究院、佛山市南海区有安全产业联合创新中心、清华力合星空孵化器、联东 U 谷加速器，在获批"国家安全产业示范园区创建单位"后，在智能制造产业基础上，进一步开展安全咨询、安全培训等服务。同时，大沥作为商贸重镇，致力于发展安全宣传、安全展贸、展览展示服务，积极打造西部片区公共服务中心和现代服务业集聚核心的复合中心；桂城在政策支持下，全力南海区安全生产技术服务集聚区，集聚专业力量为当地企业提供安全生产服务。南海区将充分利用各镇街建设拓展安全应急产业科研机构的关键机遇，强化粤港澳大湾区（南海）智能安全产业园的核心科技研发及成果孵化能力，为安全应急产业高层次发展提供源动力。

二、打造产业宣传的战略高地

作为安全应急产业领域最有影响力的全国性活动，中国安全产业大会已成功在南海区举办了两届,在全国范围内提升了安全应急产业知名度。同时,南海区在大沥镇建设中国安全产业大会永久会址,打造首个以安全应急产业为主题的集会议展览、企业总部、产业孵化、商务配套于一体的会展中心。以此为契机,南海区已布局了一批与安全应急产业相关的载体,如太平安全智造产业园、大镇瀚星科技园等。另外,大沥成功申报智慧安全小镇。智慧安全小镇立足粤港澳大湾区核心区、广佛两大超级城市腹地的优越区位优势,依托南海区安全应急产业的雄厚基础和众多细分行业内龙头企业的带头作用,以泛安全特色产业为基础,利用广东有色金属总部大厦等产业载体,配合九龙公园安全教育改造等项目,打造集安全应急产品研发设计、展览展示、工程设计、检测检验、监理评价、安全教育普及、应急演练演示、安全金融服务等于一体的高品质安全应急服务产业集聚区。

三、践行产业智能化的排头兵

与国内其他安全产业示范园区相比,南海区有着浓厚的珠三角风格定位,直指安全应急产业的"智能化"。园区以"工业互联网+安全生产"促进安全应急产业集群智能化水平提升为抓手,成功获批为广东省产业集群数字化转型试点之一,将以产业集群数字化转型服务平台和解决方案,实现快速高品质设计、精准采购、精益化生产、准时化交付,展现企业实时运营状态,提升企业竞争力。同时,创新政策对高新技术企业入驻也起到了关键性作用。南海区通过区域高质量定位来吸引创新型企业。目前南海区在建设发展"南三"产业合作区、三龙湾高端创新集聚区以及南海电子信息产业园中发挥重要作用,并且颁布多项金融扶持政策,重视专利发明的保护和知识产权的扶持。另外,南海区政府建设了知识产权服务平台,旨在扶持知识产权培训扶持项目,鼓励实体机构为其提供行业性的专业服务,建立对企业知识产权的质押融资扶持。

四、产业配套与营商环境优越

南海区政府积极推进安全应急服务产业发展,多措并举为相关企业入驻铺平道路。一方面，南海出台一系列产业政策、人才政策和金融扶持政策，初步建立起安全应急产业奖励扶持体系，为安全应急产业的发展提供有力的支持。同时，南海区政府通过整体规划产业布局促进安全应急产业集聚发展，格外强调了空间布局方面的协同，提出以丹灶镇为核心，打造安全产业创新中心、科技成果孵化和集聚中心；以南海区为平台，建设国内知名的安全产业展览展示中心。促进大沥与丹灶密切配合、积极互动，以"双核驱动"打造完整的安全应急产业链条。另一方面，优良的营商环境是南海区安全应急产业治理体系和治理能力的重要体现，不但有利于实现经济的高质量发展，更能够助推南海实现安全应急产业链的全球化和深度市场化的有效对接。

第三节　有待改进的问题

一、缺乏龙头企业引领示范

目前，南海区安全应急产业以中小企业为主，在各细分领域缺乏而且尚未有国际一流的安全应急产业巨头入驻，无法发挥引领、带头作用，产业集聚效应仍未形成。另外，南海区现有安全应急产业链上下游、互补等关联性不明显。后发技术、资金优势不能充分体现；产业科技水平和集中度较低，发展速度严重受限，不利于推动企业中间的竞争与合作。另外，南海区的安全应急产业企业之间关联较弱。如机器人制造行业内的多家企业，相互之间缺乏关联与合作，企业之间多相互独立，政府应促进企业间互联共同，通过重大项目合作进行技术交流，可以快速突破核心技术研发的瓶颈。

二、专业人才队伍有待建设

南海区在人才、技术的储备上仍显不足，安全应急产业相关的高级人才资源依然匮乏，特别是当地安全应急服务从业人员大多缺乏系统的专业培训，相关人才培养机制匮乏，严重制约服务机构为客户提供高水平和高层次的服务保障。如何创造条件，引进国内外安全产业领域复合型人才是南海区发展安全产业面临的挑战。同时，高校在安全应急产业领域的专业学科设置方面存在短板,应结合南海区安全应急产业未来发展方向,适当对学科进行调节,还可通过设置培训学校、技术学院等方式培养专业性人才。

三、产业链核心环节需铸强

南海区安全应急产业从小到大,已具有一定规模,但产业链核心环节薄弱,造成产业基础不稳固。安全应急产业现有企业主要集中在产业链的中游,即生产制造环节,上游的研发、设计和下游的市场服务、售后服务等环节比较薄弱,产业经济总量仍然偏小,比重偏低。具体来看,产业结构上,装备制造业、资源加工业、劳动密集型等制造业占比较大,服务业占比较低;高新技术企业、外向型经济企业相对偏小,经济总量偏低。发展仍处于由初级阶段向次高级阶段过渡期,具有明显的资源指向性和粗放性特点。

第十五章

西安安全产业示范园区

第一节 园区概况

陕西省西安市是我国西部政治、经济、文化、交通中心之一,关中平原城市群的核心城市,是古代丝绸之路的起点,具有承接东西,贯穿南北的独特区位优势。西安也是我国明确建设的三个国际化大都市之一,位于我国安全应急产业"西部崛起带"的南北链接核心区,紧邻"中部产业连接轴",是我国安全应急产业在西部贯通、转移和向周边辐射的源头之一。

西安高新区是 1991 年 3 月国务院首批批准成立的国家级高新区之一,2006 年被科技部确定为要建成世界一流科技园区的六个试点园区之一。西安高新区也是中国(陕西)自由贸易试验区功能区,是陕西省和西安市承接两大国家战略,实现"双自联动"的最前沿。2019 年,西安高新区获批为"国家安全产业示范园区创建单位",成为连接我国中西部安全应急产业发展的关键阵地。作为陕西省安全应急产业发展排头兵,西安高新区具有产业基础雄厚、研发实力强等特点。2020 年,西安高新区坚持稳中求进工作总基调和新发展理念,全力抗击新冠肺炎疫情,主要经济指标逆势上扬,全年生产总值增速达到 12%以上,总量迈上 2410 亿元台阶,在全市占比超过 24%,固定资产投资同比增长 23.2%,工业技改投资同比增长 97.4%,规上工业企业 R&D 投入突破 42 亿元。

西安高新区以矿山安全、消防安全、交通安全、电力安全为主要特色,信息安全、应急安全、危化安全、城市公共安全为补充,紧抓安全应急保障能力建设,全方位、多层次对安全应急产业加以培育。西安安全应急产业在提升设备本质安全水平、强化应急保障效能、遏制重特大事故发生中作用明显,目前已在陕西省形成了辐射效应。2020年陕西省连续23个月未发生重大以上生产安全事故,较大事故起数与上年相比下降19.05%,取得自2010年以来防范遏制重特大事故最好成绩,与其以安全应急产业集聚发展为核心提升安全应急产品、技术、服务供给能力,提升各行业安全应急水平具有密切关系。

2020年以来,西安高新区持续优化营商环境,生物医药、北斗产业、高端装备、电子信息、新基建、区块链等多个领域多个重点项目即将落地,为安全应急产业进一步提升发展质量提供了环境基础。在新经济增长点作用上,2020年西安高新区安全应急产业收入超过600亿元,为陕西省进一步开展安全应急产业布局提供了有效范例。未来西安将继续发挥我国安全应急产业布局中的连接作用和示范作用,进一步推进我国安全应急产业转型升级和做大做强。

第二节　园区特色

一、特色领域龙头企业集聚

西安安全产业示范园区以矿山安全、消防安全、交通安全、电力安全为主要特色,拥有安全应急产业企业超过1350家,龙头企业带动作用明显。在矿山安全领域,拥有陕西煤业化工集团、煤炭科学研究总院西安研究院、西安博深安全、中煤科工集团西安研究院、西安凯洛电子等专门从事矿用安全技术与产品研发的高科技企业和研究院,在矿用机械、无人矿山、矿用专用安全装备、煤矿预防管理系统等方面优势明显,为陕西省及周边省份煤矿安全生产水平提升提供了有效保障。在消防领域,区内拥有西安航天动力旗下的消防工程有限公司、西安坚瑞消防、陕西中联消防、西安瑞杰消防、西安盛赛尔电子有限公司等,在消防技术研发、产品制造、消防设计等方面优势明显。在交通安全领域,区内拥有西安正昌电子、陕西庆华汽车安全系统有限公司等,在车辆主动安全装备、安全气囊点火具等领域背景雄厚。在电力安全领域，区内集聚了中国西电电气股份有限公司、特变电工西安电气科技有限公司为龙头的电力安全产业链，高压电气国家工程实验室和中国西电集团公司技术中心等国家级研发机构，雄厚的研发实力成为西安电力安全产业领域的核心竞争力。

二、科技研发与人力资源基础雄厚

西安市高等院校和研发机构众多，是国家科教资源的战略聚集区。全市拥有普通和民办高等院校 100 余所，各类独立科研机构 3000 余家，各类科研及开发机构 8000 多个，现有两院院士 60 多人，各类专业技术人员超过 46 万人，在校大学生 120 余万人，科教综合实力位居全国第三。西安工业大学、西安交通大学、西北农林大学、长安大学等一大批高等院校均开设有安全、应急相关学科，具有雄厚的专业人才储备。同时，西安人力成本与东部沿海城市相比较低，在人力成本方面对企业吸引力优势明显。西安市高新区安全产业园内聚集各级重点实验室、企业技术中心和工程技术中心 200 多个，博士后工作站、博士后创新基地 48 个，科技企业孵化器 30 家，是国家首批"海外高层次人才创新创业基地"。西安航天动力、西安天和防务、西安新竹、西安航天恒星、西安正昌电子等军工企业都是安全应急产业领域的科技企业"小巨人"。2020 年，高新区提出到 2021 年底，研发投入强度达 6%以上，技术合同交易额突破 650 亿元，硬科技产业规模达 3000 亿元的目标，还制定了《西安高新区关于支持硬科技创新的若干政策措施》《西安高新区关于开展重点领域关键技术攻关"揭榜挂帅"的实施意见》等一系列政策，在每年安排 9 亿元以上专项资金，全力支持硬科技创新，推动产业高质量发展。

三、开放合作持续扩大

西安市对内合作、对外开发的优势资源汇聚，为西安高新区安全应急产业发展注入了源源不断的动力。在内外开放合作大通道建设方面，高新区依托西安承东启西、连接南北的重要战略地位，抢抓全球数字化转型机遇，搭建数字化跨境交易平台、全球数字供应链服务平台，推动产业链供应链信息互通。在自贸区建设方面，高新区持续加大金融开放力度，推动综保区贸易便利化水平不断提升，为安全应急产品和技术畅通国际循环通道。在国内区域协同发展方面，西安咸阳国际机场是全国航空六大国际枢纽之一，西安北站是亚洲最大火车站，西安新筑铁路综合物流将形成以运输物流、贸易服务为主的国家级综合物流枢纽节点，凭借发达的交通网络，高新区不断加强与周边及国内其他省份合作，开展产业化协同布局，加深技术研发等方面的交流，为区内安全应急产品和企业走出去提供了便捷的渠道。

第三节 有待改进的问题

一、中小企业风险抵抗能力较弱

西安市高新区安全产业园内中小企业众多，面对国内外不确定的市场风险、技术风险，以及疫情冲击，中小企业往往抵抗市场波动能力较弱，技术研发能力和科技成果转化易受波动影响，需要全方位的政策支持抵御风险。

二、安全应急产业与其他产业融合不足

目前，区域内安全应急产业与智能制造、数字经济等新兴产业尚未形成明显的融合，生产性服务发展偏弱。高新区自身拥有的雄厚的信息产业基础对整体安全应急产业带动效果不佳，尚未完全发挥出信息产业对安全应急产业的支撑和引导作用。企业间也缺乏有效交流合作机制，尚未形成强有力、跨领域的产业链集聚合作的商业模式。

三、创新潜能释放不足

高新区内虽然科研机构众多，但成果转化效能还有待提高，创新企业、产品、技术规模化发展环境还有待改善，掌握核心技术或关键产品的企业与国内同行业规模化发展的大型企业相比，对本地市场及全国市场的开拓能力较弱，竞争实力不足。

第十六章

随州市应急产业基地

第一节　园区概况

随州抢抓全省"一芯两带三区"区域和产业布局机遇,将应急产业基地建设作为打造"三城四基地"的重要内容,围绕建设专汽之都,正在打造全国重要的应急产业基地、专用汽车生产基地以及航空物流装备制造基地。2015年,随州被评为首批"国家应急产业示范基地"。随州市加快推进国家应急产业示范基地建设,以专汽产业为核心,形成了以应急专用汽车、应急医药制造、应急救灾篷布、应急风机为核心的应急产业体系。截至目前,随州市应急产业关联企业170家,2020年实现应急产业产值420亿元。为了推动应急产业发展,随州市谋划了叶开泰国药智能制药生产线、东合汽车运油车和飞机加油车、红色江山导航陀螺仪、厦工楚胜整合扩能、医药综合体建设、广益通讯滤波器、程力新工厂三期、常青集团汽车零部件、江南专汽应急产业园等10多个超亿元的重大项目,总投资近百亿元。

随州市的安全应急产品涵盖监测预警、处置救援、应急服务、消防处置等,其中涉及消防车、危化品应急救援车、高空作业车、清障车、铲雪车、应急抢险车等100多种应急专用车。作为首批国家应急产业(专用车)示范基地,随州市拥有应急专用车相关资质企业50家,其中中央背景企业8家,军品生产资质企业5家,2019年汽车机械规上企业实现产值417亿元。2020年初,在新冠肺炎疫情期间,随州市程力、江南、宏宇、俊浩、成龙威等专汽企业组织救护车、生产医疗废物转运车，支援省内外疫情防控和救援工作。另外，在 2020 年 7 月，程力专汽、金龙新材料、湖北楚胜、大洋塑胶等 8 家企业的 26 款应急产品入选了工信部防汛物资目录，为防汛救灾贡献了力量。随州市将突出补链强链，加强资源整合，推进智能化转型，加快应急产业高质量发展。

第二节　园区特色

一、政策助力产业腾飞

2018 年和 2019 年，湖北省的政府工作报告连续提出"支持随州等地建设国家应急产业基地。"随州应急产业发展迎来更好的机遇。同时，随州市成立了应急产业发展领导小组，出台《随州市应急产业基地建设实施方案》《随州应急产业发展规划》，提出以随县、广水市、曾都区、随州高新区四大区域为主阵地，全域推进应急产业基地建设，即以汽车机械专用汽车、生物医药、电子信息、新材料四大产业为主支撑，多产业参与共建；以两化融合、产城融合、制造业与服务业融合"四大融合"为主方向，实现应急产业提质增效。

二、注重锻强行业影响

多家专汽企业组建了研发团队，技术攻关取得重大成果。比如压缩空气泡沫消防车、危化品救援车、直升飞机救援车、大吨位折臂吊等一批产品填补了国内空白。金龙新材料成为篷布行业国家标准起草者和民政部、红十字会指定救灾物资（帐篷和篷布）生产企业；程力专汽、齐星车身、湖北新楚风等企业的多款应急产品进入国家应急产品目录，其中程力专汽入选 2018 年国家两化融合管理体系贯标试点企业。

三、创新引领产业方向

随州市撬动安全应急企业创新发展新动能，通过行业智能化改造，组织重汽华威、金龙集团、健民叶开泰申报省智能制造试点示范项目，奋力实现制造向"智造"转变。为加快推进随州市汽车行业生产自动化改造与物流管理智能化升级，随州的专汽企业不断进行工艺装备升级、生产线智能化，一批应急产业骨干企业已实现智能转型，30多家应急产业企业实现了机器换人，应急产业智能化、信息化水平领先。其中，随州有齐星车身、泰晶电子等6家企业获评"湖北省智能制造试点示范"。齐星车身工业机器人智能化电动车底盘生产线、恒天汽车智能网络监控系统、东风车轮智能机器人、重汽华威智能渣土车、华一专汽智能泵车等一批智能装备、智能产品、智能制造项目，得到推广应用和投入生产。

四、调产扩能顺势发展

随州市的安全应急企业在疫情期间及时转型升级，调整产能，在"专精特新"的道路上持续提升实力。如生产应急专用车的俊浩专汽，在疫情期间在短时间内调整产品结构，利用旅居车生产车间，为省内外多地以及中华环保基金会生产医疗废物转运车和负压救护车，程力专汽也将业务核心转向安全应急产业，着力打造应急装备制造基地；医药企业如健民叶开泰随州公司，瞄准市场需求，减少调养型药物生产，优先生产紧缺的应急药物；安全应急新材料生产企业湖北金龙专业生产各类高强软体材料，紧盯市场变化调整产品结构，为随州市的疫情防控提供了大量帐篷，同时还在向中东地区出口应急水袋，紧随产业风口，是安全应急产业发展的关键要素。

第三节　有待改进的问题

一、本土优势尚未充分发挥

安全应急产业布局规划的基本核心即是因地制宜、发挥优势。但从目前随州应急产业基地规划来看，在考虑做大做强基地产业规模的对策建议时，无一例外地都提到加大招商引资力度，也强调引进国外的龙头企业，但随州本地便拥有程力专汽这样的我国专汽制造领域的翘楚，程力专汽在2020年已突破年产值70亿，是湖北民企排名第四，制造业100强和服务业200强。此外，齐星集团、江南专汽也获批全国专精特新"小巨人"企业。这些企业生产的产品种类众多、技术先进，可以充分引领基地高端化演进。

二、产业配套措施仍需跟进

随州应急产业基地统一规划不足，并没有建立起相互关联、相互依存、相互支援的专业化分工协作产业体系。基地内虽然进行了园区的规划和建设，但是多数企业和机构仅仅是实现了地理上的集中，彼此间的产业和技术关联不强，缺乏产业发展配套，产业集群尚未形成。一方面，安全应急产业的辅助生产配套有所缺失，包括分析检测设施、物流运输、仓储等，相应的生活服务设施配套也有待进一步完善。另一方面，基地的产业链仍有待补链延链，在检验检测、技术孵化、投融资、市场营销等环节，尤其是对于促进研发成果转化、推动产品市场化的产业服务环节，缺乏相应的产业支撑。

三、对外开放水平急需提高

目前，在安全应急专用汽车领域，随州的技术水平和创新能力与世界先进水平仍存在一定差距。随州在发展安全应急产业过程中对外合作有待加强。在产业市场方面，随州应急产业基地的产品基本面向国内市场，尚缺乏在国际市场具有影响力的产品，参与国际竞争不足；在创新资源方面，随州现有的安全应急产业创新人才和创新平台基本来自国内，在现有产业集群中，尚无国外企业，尤其是缺少相关行业领域内的国际知名企业；在国际合作方面，无论是人员、技术，还是在信息、资金等方面，随州应急产业基地与国外相关机构的合作都有待加强。

第十七章

德阳经开区应急产业基地

第一节 园区概况

德阳市成功打造国家级关键基础设施检测、监测预警和救援处置，西部低空救援，国际地震、地质灾害教育培训演练三大应急产业带和一个应急产业国际交流合作平台的"3+1"产业格局，于2017年入选第二批国家应急产业示范基地。德阳是国家"一带一路"发展战略重要节点城市，是成渝地区双城经济圈成都极核的重要组成部分，是中国重大技术装备制造业基地，有"重装之都"的美誉，工业主要指标位居四川第二。到2020年，德阳应急产业产值达到120亿元，形成创新驱动、高端引领、带动周边、辐射我国西部和南亚发展中国家和区域的应急产业发展格局。

德阳市以德阳经开区为依托，建设国家级关键基础设施检测、监测预警和救援处置应急产业带；以德阳高新区－什邡市为依托，建设西部低空救援应急产业带；以汉旺－穿心店地震遗址保护区和旌阳区为依托，建设国际地震、地质灾害教育培训演练应急产业带；以汉旺论坛为依托，打造应急产业国际交流与合作平台。德阳市依托通航基础优势，不断增强应急低空救援能力，已拥有多家民用直升机航空公司和若干个直升机集结地，可为我国西部突发重特大灾害提供快速救援服务。在救援装备制造方面，德阳以"三大院"为产业源头及技术支撑，形成了以四川宏华、宝石机械等龙头企业为引领，精控阀门等近300家关联企业共生发展的中国最大油气装备制造产业集群，产品涵盖油气装备"钻、控、采、输及服务"整个环节。"三大院"在钻完井、试油、采油以及油田防腐、节能等技术领域形成了多项特色技术,填补了多项国内技术空白。在医疗救援方面,德阳泰华堂是国内唯一一家开展核安全和核应急药物支持的企业。德阳生化、九五生物等企业是我国主要的生物酶制剂生产和出口基地。

第二节 园区特色

一、政策支持推动产业长远发展

2018年,德阳市政府出台《德阳市国家应急产业示范基地培育与发展三年行动计划(2018—2020年)》,围绕"在三年培育期内,增强自主创新能力,提高产业规模水平,努力培育成为国家应急技术装备研发、应急产品生产和应急服务发展的示范平台"的目标。2020年,德阳市印发《德阳市支持国家应急产业示范基地建设的若干政策》,结合省、市相关文件,从鼓励企业入驻、强化企业服务、增加创新能力、强化人才支撑四个方面进行系统编制,加快推动国家应急产业示范基地建设,培育安全应急产业骨干力量,增强应对突发事件的安全应急产业支撑能力。

二、产业基础雄厚产业特色突出

依托中国民航飞行学院,德阳已发展为全球飞行训练规模最大、能力最强的飞行员培训基地,并布局了包括通航制造、通航运营、通航维修等在内的通航产业链。而今,在建设通用航空产业园的同时,德阳也逐渐将通航产业链延伸至应急救援方面。如今,一批关键基础设施保护和预防防护类应急产品体系已基本建成,此外,德阳着力构建综合应急救援体系,以广汉为地域发展的低空救援与应急服务体系,成为全国"第一响应人"培训发起地。

三、预防为主建设部门联动机制

德阳市注重提升对突发事件的应急处置能力。一方面,进一步修订

《德阳市突发环境事件应急预案》，增强了预案的可操作性、强规范性和高针对性。同时分析总结突发事件的规律和频率，加强完善应急物资储备库的建设，新建中江、旌阳、什邡三个储备库，并与成都、资阳等六市沱江流域建立部门之间的应急联动机制。另一方面，德阳市由政府牵头，针对各县市区的重点风险源安排不同类型的演练课题，实行政企合练，切实提升安全应急实战演练水平。

四、注重对外交流创建产业新态

德阳市充分发挥产业集聚优势，成为我国西部产业交流的高地。2019年，四川省应急产业供需对接大会暨配套对接活动在德阳举行，德阳市借此机遇，推行应急产业+应急培训+队伍建设新模式新业态，发挥应急产业示范基地引领作用，提升创新能力，扩大交流开放，培育新型经济。另外，德阳市先后成立了中国石油井控应急救援响应中心、综合应急救援支队、矿山危化救援队和空中应急救援队、德阳市防灾减灾应急救援中心，并且依托汉旺论坛，搭建了高端国际对话与合作平台。

第三节　有待改进的问题

一、产业规模偏小，龙头企业缺失

德阳市的安全应急产业产值占比较低，缺少在国际、国内有影响的龙头企业。在现有的企业中产能规模超过10亿元、产值超过5亿元的企业不多，多数企业产值在1亿元以下。另外，安全应急产业的主导产品不突出、科技含量不高、市场占有份额低。缺少在国际、国内有影响力的领军品牌。目前我国多数应急装备仍以进口为主，德阳应抓住机遇，出台政策引进特色龙头企业，完善符合基地特色的定向招商。

二、信息化水平偏低制约产业升级

随着经济社会的发展，德阳市的安全应急要求也不断提高，但产业发展的人员缺口巨大，信息化水平偏低制约了产业的转型升级。应用信息化系统将大大减少距离因素的制约，不但可提高德阳安全应急产业的辐射范围，也可在危险工序实现"机械化换人、自动化减人"，降低事故发生概率，即使发生事故，也可避免大量人员伤亡。但德阳高端信息化手段普遍缺乏，实时监控、应急指挥等信息平台建设不完善，无法满足发展需求；企业信息化应用程度低，危险环节安全风险难以降低。

三、合作共赢推动安全应急产业高质量发展

德阳的安全应急产业研发创新基础相对较弱，现有产品和服务层次偏低。研发机构方面，大多为主导产业服务。企业方面，德阳拥有自主知识产权核心技术的安全应急产业相关企业凤毛麟角，多数企业处在有"制造"无"创造"状态，还有许多企业只是从事代理、仿造或简单组装的工作，高端、核心技术和产品还很大程度依赖国外进口。相比重庆、合肥、徐州、北京等其他安全应急产业发展更早的地区，企业研发基础相对较弱，安全应急产业创新能力有待提升。

第十八章
唐山市开平应急装备产业基地

第一节　园区概况

　　唐山市是拥有百年工业历史的沿海城市，装备制造业基础雄厚。加快发展安全应急产业对于唐山产业转型升级、实现高质量发展具有重大的推动作用。目前，全市汇聚了包括中信重工开诚公司、住友建机（唐山）公司等一批国内外知名企业在内的安全应急企业160余家，产品涉及自然灾害防护、事故灾难救援、社会安全、现场保障、生命救护、抢险救援、个体防护、设备设施防护等8个主要方向，涵盖了应急预防与准备、监测与预警、处置与救援等全产业链。目前，唐山市安全应急产业涉及100余项产品，实现了对《应急产业培育与发展行动计划（2017－2019年）》13类标志性应急产品和服务的全覆盖，并已成为全国最大的抢险探测机器人、应急钢锹、多用钢板桩生产基地，全国重要的煤矿安全监控系统、橇装式阻隔防爆加油装置研用基地。2020年，唐山市全市安全应急产业营业收入达200亿元。

　　河北省唐山市开平区位于河北省东部，处在京津冀经济区的核心区域，京沈铁路、205国道贯穿全境，津唐、京沈、唐港三条高速公路交汇成网。2019年12月，河北唐山开平应急装备产业园被评为国家应急产业示范基地，成为京津冀重要的应急装备产业聚集区和创新成果转化承载地。作为唐山打造国家级现代应急装备产业基地的主要承载平台，依托精品钢铁、装备制造两大主导产业的雄厚基础，开平应急装备产业园加快推动安全应急装备产业壮大，以发展起重、挖掘、钻凿等特种救援机械和矿山安全监控设备为重点，逐步发展出重型机械应急装备、现代智能应急装备、城市公共安全装备、家用应急装备、应急安全防护装备、应急抢险物资装备物流、应急救援综合服务等特色领域，正加快形成立足京津冀、辐射全国、面向全球市场的现代应急装备产业体系。目前，全区已拥有 30 余种自主知识产权产品，形成应急工程机械、安全板材、管材等一系列优势产品。

开平应急装备产业基地集聚资源，未来将着力打造四大应急产业板块。一是打造重型机械应急装备板块，立足住友工厂的品牌与规模优势，全力扶持企业达产达效、再扩规模，加快"延链"步伐，形成国内国际重要的重型机械应急装备制造基地。二是打造应急安全防护装备板块，依托区内既有的军拓鸿顺安防、卓锐安防等防护产品研发生产企业，加快形成全国领先的市场优势。三是打造应急抢险物资装备物流板块，重点针对地震、洪水、地质灾害等应急抢险需求，打造应急抢险物资装备研发、生产、供给和紧急调用供应基地。四是打造应急救援综合服务板块，主攻应急产品质量认证、矿山应急救援服务演练、应急安全教育体验三大服务领域，提升安全应急服务的供给能力。

第二节　园区特色

一、创新能力逐步增强

唐山市拥有与安全和应急产业相关的院士工作站 4 个、省级以上企业技术中心 9 个、300 余项授权专利、100 余项软件著作权、煤安认证 72 项、消防认证 31 项，多家企业拥有专业领先的应急救援队伍和研发中心，在智能救援装备、工程机械、高强度钢结构、阻隔防爆材料等关键领域掌握了国际领先的产品技术。唐山市实施"设计+"工程，推动应急装备企业运用工业设计提升产品竞争力，密切与高校、专业设计机构合作，助力产品升级换代。

二、与周边园区协同发展加速

开平矿山救援装备产业基地由唐山市全力高标准规划建设，并加速与高新区智慧应急装备产业园、遵化安全应急装备产业园、路南城市公共安全装备产业园、迁安防震减灾应急产业园、曹妃甸应急装备制造产业园等园区形成互补与联动，全面提速现代应急装备产业发展步伐，推动安全应急产业由单一分散向特色园区全产业链聚集，打造现代应急装备产业的"开平样板"。

三、支持配套政策不断完善

《河北省应急产业发展规划（2020—2025）》将建设唐山应急装备产业示范基地列为主要任务。唐山市成立了唐山市应急产业联盟和全国唯一的市级防灾减灾救灾委员会，建有全国首个国家级防震减灾科普教育示范基地，并建立了年度防震减灾应急演练和技术竞赛常态化机制。开平区重点从七方面推出支持政策，包括补助重点项目投资、支持大项目重资产建设、保障重点项目用地、鼓励引导企业上市、鼓励企业转型升级和壮大发展、支持工商注册及资质认定、大力奖补项目引荐人等。

四、产业交流平台形式多样

唐山市政府不仅采取参展费补贴等方式支持企业参加各类展鉴活动，还举办年度"中国·唐山国际应急产业大会"，全方位展示唐山应急产业发展的优势前景，打响"应急产品唐山造"品牌，为安全应急产业搭建起交流合作的平台。开平区也积极举办各类安全应急产业相关活动，2021年3月26日，"京津冀专家唐山行应急产业及高端装备制造专场"在开平区成功举办，京津冀工信部门共同签署了《进一步加强应急产业合作备忘录》，与会8名专家被聘为唐山市开平区人才工作特聘专家，卓锐安防、智诚电气、京华制管等企业分别与专家签订顾问聘用协议。

第三节　有待改进的问题

一、装备制造业产业优势尚未得到充分发挥

唐山装备制造业产业基础雄厚，拥有130万的产业工人大军，高技

能人才达到 19.7 万人，但产业基础资源在安全应急领域尚未得到充分利用，产品功能向现代应急装备产业发展方向的开发、拓展不够，装备制造业优势产能和产品资源尚未充分转化为现代应急装备制造产能。虽然开平区应急装备产业发展较为迅速，但有很大一部分仍包含在传统产业之中，没有形成专业化的生产经营体系，大部分产品仍属于低技术含量、低附加值的传统应急产品，高端化、智能化、系列化、成套化的安全应急装备占比仍有待提高。

二、产业链条尚待扩展

开平应急装备产业园虽然拥有一批像住友、军拓鸿顺安防、中滦科技等安全应急产业领军企业，但各企业大多仍处在"单打独斗"阶段，龙头带动作用不强。安全应急产品种类齐全，但缺乏细致的产业分工和深度的区域合作，对京津冀及更广地区的市场需求仍需充分挖掘，产业链纵向延伸和横向联动发展模式尚未形成，尚未形成完整的特色应急产业集群。

三、科技研发潜力尚未充分激活

开平应急产业基地内部分企业具备一定的安全应急产品研发优势，但大部分企业处于科技研发的被动状态，核心部件和生产设备仍需依赖进口，科技研发投入不足，产品核心竞争力不高。具有针对性的安全应急产业研发平台、推广应用平台尚需完善，产学研用协调机制还有待探索。

第十九章

溧阳安全应急装备产业基地

第一节 园区概况

江苏省溧阳经济开发区（以下简称"溧阳经开区"）位于苏浙皖三省交界处，是长三角区域的几何中心，地处上海、南京、杭州三大都市圈交汇处，是贯通苏锡常皖东南的交通枢纽。凭借其独特区位优势和原工业集中区的深厚基础，溧阳经开区成为溧阳市安全应急产业的主战场。近年，溧阳经开区的安全应急产业总体规模呈稳定增长趋势，2020年全区工业产品销售收入近1200亿元，安全应急产品销售收入超过230亿元，占溧阳经开区经济总量20%左右，占全市安全应急产品销售额的四分之三，安全应急产业的发展对区域经济的发展起到了重要的助推作用。目前，溧阳经开区以预防防护产品为引领，以救援处置产品制造产业为支柱，以智能化应急产品制造为新的增长极，以柔性化应急防护材料为支撑，已形成水陆空立体化预防防护及救援处置产品制造等安全应急产业集群。

第二节 园区特色

一、传统产业改造升级

安全产业并非新出现的产业，而是原本就存在于各传统行业中的安全装备、产品研发制造与服务等产业的集合。溧阳市安全应急产业基本分布在以传统行业为基础改造升级的产业中。例如,上兴镇的先进安全装备生产制造产业,是传统机械制造和镀锌行业在交通、建筑领域安全方面的深度应用;别桥镇大力发展无人机应急救援产业,目前已引进19家无人机企业,部分产品可广泛应用于应急救援处置,通过在空中拍摄高清影像了解地面的参数信息、地理坐标等,为灾害现场采集数据、救灾指挥、人员定位等提供重要保障;溧阳二十八所系统装备有限公司生产的应急通信指挥车、应急救援装备保障车等,科技含量较高,在奥运火炬泰州至扬州段传递以及地震灾害救援中,都发挥了重要作用。

二、核心企业牵起全链

围绕先进安全装备制造龙头企业,溧阳经开区形成了从型钢、带钢等原材料生产供应、零部件加工、成品组装、营销、物流配送、安装的较完整产业链。溧阳经开区安全应急产业集聚区内拥有相关安全装备制造企业24家,其中21家企业达到规模以上,产品包括道路安全防护栏、智能安全脚手架、应急救援装备、分布式能源钢构、防洪应急用钢板桩、垃圾污泥等无害化应急处置。作为产业链中的上游企业和核心企业,国强公司生产的主要安全应急装备产品囊括用于水中安全的防汛钢板桩系列装备(水利)和用于陆地安全的交通护栏、声屏障、建筑爬架等安全设备(公路、铁路、建筑施工)等,向包括江苏国电新能源装备有限公司、江苏国智建筑科技有限公司、溧阳市鑫天地金属制品有限公司、常州汇智机械制造有限公司、溧阳市益顺机械有限公司、溧阳市云翔机械设备有限公司等在内的十余家下游企业提供光伏、输变电、交通安全等工程的设备及配件,这些下游企业还承接国强公司相当份额产品的加工、销售、安装、改造及维护等业务。此外,江苏国强下游还有江苏依路物流科技有限公司、溧阳市安顺运输有限公司为其提供便捷的物流服务。"十三五"期间,溧阳经开区安全防护栏、智能爬架、新能源钢架结构的产值分别增长50%、300%、80%,市场前景广阔。

三、产业版图多元发展

溧阳经开区的安全应急产业版图还囊括了安全材料、专用部件等板块。江苏国强集团、江苏华力金属材料有限公司等开发应用的高品质安全材料工艺技术,可用于增强装备安全性能;以江苏惠太汽车科技有限公司、江苏九久交通设施有限公司为核心的汽车安全专用装备制造商在溧阳经开区安全产业园聚集;以上上电缆和江苏安靠为核心形成输变电安全专用设备制造聚集特色;江苏嘉成轨道交通安全系统有限公司的轨道交通安全专用部件也初具规模。

第三节 有待改进的问题

一、产业规模偏小,产业结构待优化。

与动辄上千亿的传统行业相比,溧阳安全应急装备产业基地的安全应急产品销售收入尚属规模偏小的产业。且在全部的销售收入中,大多是装备制造产品的销售收入,与之相配套的安全应急服务收入占比较小,未形成规模。在经济发展过程中,第三产业占比不断提高是经济社会进步的必然趋势,服务板块的不完善导致产业结构失衡,限制了溧阳安全应急装备产业的进一步发展,整体产业结构还有待进一步优化。

二、智能化程度较低。

溧阳安全应急装备基地的产业以传统产业升级改造为主,智能化体系欠缺。不管是企业还是园区,生产、管理的信息化和产品智能化程度均较低,除新建成的江苏无人机特色小镇智能化应用较多外,另外两个安全应急产业重点领域高科技特色尚未有所体现。溧阳传统制造业与国家"智能制造"发展战略契合度较低,不利于高端装备的研发与推广应用,阻碍溧阳的装备产品在与其他安全应急装备竞争中取得主动地位。

三、龙头企业影响力有限。

基地发展较好、规模较大的安全应急产业龙头企业当属国强公司。

但这家企业仅在其所处传统行业中有较高的知名度,在安全应急产业领域缺乏影响力和辐射带动能力。为其提供配套服务的企业均规模较小,产业链条不长,产业影响度不大。此外,缺少国际知名企业也阻碍了溧阳市安全应急产业与国际先进水平的交流,限制了溧阳市安全应急产业的国际化视野的发展。未来,培育或引进国际知名企业应作为基地安全应急产业发展的重要目标。

企 业 篇

第二十章

杭州海康威视数字技术股份有限公司

第一节 总体发展情况

一、企业概况

杭州海康威视数字技术股份有限公司（以下简称"海康威视"），始创于2001年11月，是我国领先的监控产品供应商，致力于对视频处理技术和视频分析技术的探索及创新，已经成长为中国首屈一指的安防产品研发型制造商，其核心产品中国市场占有率50%以上。海康威视的主打产品DVR/DVS/板卡、摄像机/智能球机、光端机等常年保持国内市场占有率第一的优势，网络存储、视频综合平台和中心管理软件等产品在安防市场得到了广泛应用。全球领先的监控产品，专业的解决方案和专业的优质服务，使客户得到价值最大化的体验。海康威视已于2010年成功上市（股票代码：002415）。

2021年是海康威视成立的第20年。从成立时的28名员工，到现在4万多人。公司20年的发展史就是不断开拓业务边界的过程。公司业务由单一安防产品逐步拓展到综合安防、大数据服务和智能产品，致力于构筑云边融合、物信融合、数智融合的智慧城市和数字化企业。根据Omdia报告，公司连续8年蝉联全球视频监控行业第一，连续4年在A&S全球安防榜单中蝉联第一。公司的产业链升级可以分为三个阶段：从公司诞生至今的数字化时代，从2010年开始的网络+高清化时代，以及在AI及大数据背景下的智能化时代。三者相互依存，为公司发展提供一个清晰的指导方针。

在数字化时代的前期，公司主要以后端的录像设备为盈利点，如设备采集卡、硬盘录像机等；随着网络+高清化时代的到来，公司逐步向前端产品侧重，摄像机、智能球机、网络光端机等产品帮助公司进行转型；在迎来大数据+AI时代后，公司提前在智能物联和深度智能等领域广泛布局，率先在2015年推出了"猎鹰""刀锋"智能服务器，分别为视频结构化和车辆结构化提供服务。随着而来的2016年的"深眸"全系列、"超脑"系列、"神捕"系列和"脸谱"系列等多领域深度智能产品为整体产业链进一步构建。伴随着2017年的AICloud架构和2018年的 AICloud 物信融合数据架构和统一软件架构为智能化时代打下夯实基础。2019年，公司发布物信融合大数据平台，将边缘计算、云计算、物联网、AI等新兴技术融入安防行业，从视频感知到智能物联再到物信融合，公司正迎来智能时代。

此外，公司自诞生开始，坚持将创新作为核心驱动力，研发费用率自2012年以来从未低于8%，2020年研发投入63.79亿，占营业收入10.04%。公司2万余名研发、技术服务人员分布在全球的10个研发中心和7个生产基地中，业务覆盖全球150多个国家和地区。截至2020年年底，公司累计拥有专利4941件、软件著作权1240件。公司结合其核心技术视音频编解码、视频图像处理、视音频数据存储等，并辅以云计算、大数据、深度学习等新兴技术，推出了"黑光""全彩""多摄"摄像机、"超脑"NVR、"神捕""环保""雷达视频一体"交通等智能系列产品，在行业内形成独特的竞争力。

二、生产经营情况

公司收入从2017年的419亿元，增长到2020年的635亿元，三年复合增长率为14.86%；公司净利润从2017年的94亿元，增长到2020年的134亿元（见表20-1），三年复合增长率为12.46%。技术创新是公司生存和发展的最主要经营手段。公司研发费用率从2017年的7.62%提高到2018年的8.99%，到2019年的9.51%，再到2020年的10.04%。

表 20-1　海康威视 2017-2020 年财年收入情况

财　　年	营业收入情况		净利润情况	
	营业收入（亿元）	增长率（%）	净利润（亿元）	增长率（%）
2017	419	31.2	94	26.3
2018	498	18.9	114	21.3
2019	577	15.9	124	8.77
2020	635	10.1	134	8.06

数据来源：赛迪智库整理，2021 年 4 月。

第二节　代表性的安全产品

海康威视高瞻远瞩，多元化布局提升主业增长韧性。公司超前布局使得业务结构从原来单一的安防产品扩展至前端音视频产品、后端音视频产品、中心控制设备机器人和智能家居等创新业务。同时，公司加快了向大数据业务拓展，也加快了创新业务的发展，为了应对挑战，还启动了萤石网络分拆上市的工作。2019 年公司前端、后端、中心控制、智能家居和机器人的营收占比分别为 47%、13%、15%、5%、1.4%。

海康威视以智能感知为抓手，进一步整合多年技术积累，夯实技术基础能力，发展嵌入式设备开放平台，秉承安全可靠基本原则，打造高效、扎实的产品研发体系。在整体竞争力持续提升的同时，海康威视不断打造如"黑光""全彩"系列摄像机，"超脑"NVR、"明眸"系列智能门禁等一系列明星智能产品，在政府、企业、消费者市场得到广泛应用。下面重点阐述用于安全应急领域的海康威视硬件产品。

一、前端产品

前端产品仍然为公司的中流砥柱。2016 年至 2019 年，海康威视持续拓展新兴领域和推出各式新产品，前端音视频产品的营收占比逐年降低,但随着行业集中度上升,公司前端产品进一步被市场所认可,其毛利率和营收均呈逐年上升趋势。

海康威视在视频图像、智能算法、光学镜头、硬件结构、软件架构、安全等技术方面持续投入,打造超清全彩、全景细节、多维感知、场景定义、全域智能的理念,持续提升摄像机全天候全场景感知、全要素提取、全数据关联能力。

超清全彩:深耕黑光、全彩技术,采用大光圈、超景深镜头,超强感光 sensor,基于多光谱融合架构、3D Color 增强引擎、AI 图像增强技术,实现精准色彩还原,高动态清晰成像,复杂场景自适应,构建 4K、全彩、黑光系列超清全彩产品矩阵,从图像源头提升数据质量,获取更丰富细节特征,呈现更真实彩色夜视。

全景细节:全面拓展全景细节产品系列,通过多摄联动,动静结合,兼顾远近视角,全景细节,满足同一场景下多目标可视、多要素提取、多业务分析需求,实现全局把握,细节掌控,既看得广,又看得清。

多维感知:以视频感知为基础,结合多维传感技术,实现时空关联、物联传感、信息融合,形成多维的数据感知、精准的目标刻画能力,构建物理世界与数字世界的桥梁,打造更精准、更全面、更丰富的物联感知系统。

场景定义:场景定义摄像机,通过硬件结构场景化,软件智定义,运维智能化,满足各类环境、不同条件下的业务需求,实现专业适配,快速部署,易于维护。

全域智能:匹配场景应用需求,以业务为驱动,产品分层,智能分级,打造面向全领域的智能产品体系,为公共安全、应急指挥、民生服务、城市运营、交通管理、文化旅游、教育医疗等各行各业提供智能服务,助力行业数字化转型和智能化应用。

二、智能交通与移动执法产品

智能交通产品:围绕"改善交通秩序,缓解交通拥堵,预防交通事故,提升交通安全,方便交通出行"的核心理念,多维感知并深度融合的雷视系列产品,实现了全天候、多场景、高精度的信息检测,突破单维度感知的技术局限，结合配套的智能化管控系统，创新地推出了从诊断、仿真、运行、评价、调整的一整套城市交通拥堵治理业务闭环。同时，以雷视多维融合为技术趋势的感知类产品，实现在城市道路、平交路口、弯道、高速、港航、园区等场景的业务升级，融合多维度感知数据，拓展新的业务领域。

静态交通产品：面向出入口、停车场和路边停车三块业务，通过停车系统的集约化、智慧化和信息化，推出以"守蔚"系列为代表的新一代停车产品，完善产品组合，提升停车的运营管理水平和效率；融合视频及多维感知技术，落地停车管理的细分场景的业务应用，持续探索城市路边停车管理业务，助力城市停车难的改善，方便交通出行。

移动执法产品：通过技术创新，采用陀螺仪感应运动趋势，结合云台纠偏算法，推出机械防抖执法记录仪，切实解决执法人员因运动导致画面模糊的行业痛点。2020年海康威视入围公安部警用装备采购中心目录，结合移动执法综合平台，实现前后端的打通，为公安、交警、城管、食药监、消防等多种行业提供更加完善的移动执法方案。

三、门禁与对讲产品

海康威视在音视频交互、智能应用、多维感知、机电控制等技术持续投入，不断提升用户体验。围绕"明眸"提升门禁产品竞争力，实现多模态检测识别技术融合，以智能硬件及HEOP架构为核心构建开放的硬件生态系统，为客户提供方便快捷的个性化解决方案。进一步优化可视对讲产品的音频效果，并实现低照明度全彩可视，避免光污染，提升用户实时交互的视听体验，深化楼宇对讲竞争力，并向监所、医疗对讲等领域延伸，形成统一的可视对讲方案。全面升级人员通道的控制技术及制造工艺，推出新一代智能、安全、稳定的产品，覆盖楼宇、交通、景区、校园等场景。门禁、对讲及通道等产品结合行业应用，已形成涵盖门禁考勤、访客梯控、楼宇对讲、医疗对讲、公共广播、人员通道、智能储物等应用的综合解决方案，在国内外市场快速发展。

四、报警产品

海康威视在无线射频、探测光学、多维感知、态势感知、智能分析等核心技术领域持续加大投入，不断提升产品技术综合竞争力，大力推进基于融合云/经销云的云报警/云运营的业务模式，持续为客户创造价值。海康威视在入侵报警产品领域深入耕耘、持续创新，推出第二代无线入侵报警系列产品，在海外分销市场和大客户市场取得重大进展。在周界报警领域不断迭代和延展，紧贴项目和客户实际需求，推出新一代振动光纤等系列产品，助力行业项目突破。在公共报警领域，与行业密切合作，牢牢把握客户需求，推出态势感知雷达系列产品，在边境防控、长江禁渔等重要项目中取得广泛应用。

第二十一章

徐州工程机械集团有限公司

第一节 总体发展情况

一、企业概况

徐州工程机械集团股份有限公司（以下简称"徐工机械""徐工"，股票代码：000425）是1993年6月15日经江苏省体改委苏体改生〔1993〕230号文批准，由徐州工程机械集团有限公司以其所属的工程机械厂、装载机厂和营销公司经评估确认后出资组建的定向募集股份有限公司，于1993年12月15日注册成立，注册资本为人民币95,946,600.00元。徐工机械是中国工程机械行业的排头兵，在国内工程机械行业主营业务收入排名前三，是全国工程机械制造商中产品品种与系列最多元化、最齐全的公司之一，也是国内行业标准的开发者与制定者，拥有业内领先的产品创新能力和国内最完善的零部件制造体系。徐工机械是目前中国工程机械领域最具竞争力和影响力的上市公司之一。

公司提供工程机械类优质产品和服务组合，并为客户提供全面的系统化解决方案，产品包括工程起重机械、铲土运输机械、压实机械、路面机械、混凝土机械、消防机械以及其他工程机械，其中汽车起重机、随车起重机、压路机、沥青混凝土摊铺机、平地机、冷铣刨机、举高喷射消防车等多项核心产品以及工程机械液压件等多项零部件产品国内市场占有率第一。同时，公司拥有布局全球的营销网络，是国内最大的工程机械出口商之一，汽车起重机、压路机、平地机等多项产品出口市场份额第一。

二、财年收入

徐州工程机械集团股份有限公司近年财务情况见表21-1。

表 21-1 徐州工程机械集团股份有限公司近年财务情况

财 年	营业收入情况		净利润情况	
	营业收入（亿元）	增长率（%）	净利润（亿元）	增长率（%）
2018	444	52.6	20.05	96.6
2019	592	33.25%	36.2	76.98%
2020	740	25	37.3	2.99

数据来源：赛迪智库整理，2021年4月。

第二节 主营业务情况

公司主要从事起重机械、铲运机械、压实机械、路面机械、桩工机械、消防机械、环卫机械和其他工程机械及备件的研发、制造、销售和服务工作。公司产品中轮式起重机市场占有率全球第一，随车起重机、履带起重机、压路机、平地机、摊铺机、水平定向钻机、旋挖钻机、举高类消防车、桥梁检测车等多项核心产品市场占有率稳居国内第一。

工程机械行业是中国的朝阳产业，一是工程机械产业拥有坚实的基础，是在竞争环境中打拼出来的极具生命力的中国产业；二是中国工程机械产业仍具有极大的机遇，国际市场、高端市场规模都相当可观。

目前工程机械行业成熟度高、竞争较为激烈，行业呈现以下特点：一是行业市场份额集中度持续提升，龙头企业市场地位日益突出。二是龙头企业积极延伸产品线，产品多元化，以适应工程大型化对全系列产品的需求。三是轻量化、智能化、无人化、节能环保等引领行业趋势，成为行业未来发展方向。四是行业龙头积极布局核心零部件以完善产业链布局、保障产业链安全,竞争优势更为明显,呈现出强者恒强的态势。

第三节 企业发展战略

一、行业技术创新领导者

一流的创新平台。公司坚持自主创新,是国家技术创新示范企业,建立了以技术创新、标准化、知识产权、质量技术、管理技术五大领域为核心的科技创新系统,持续提升其系统性、创新性、有效性和带动性,并在此基础上逐步构建起产业基础研究、应用研究、试验发展三层技术创新体系。近年来公司持续增加研发投入,一半以上用于关键核心技术研究、重大实验设备设施建设等。依托母公司整体优势,公司拥有6个省级企业技术中心、5个省级工程技术研究中心、1个省级可靠性工程研究中心、1个省级制造业创新中心,并建设了公司的国家级设计中心、国家重点实验室和国家认定试验检测机构,以及徐工国家级博士后科研工作站、院士工作站等。截至2019年年底,上市公司徐工机械累计获得授权专利5159件,其中发明专利1372件。在2019年"国家企业技术中心评价结果"中,徐工技术中心以综合得分92.2分的成绩被评为优秀,并继续位居工程机械行业首位。

一流的项目成果。作为工程机械行业首个国家级技术创新示范企业的主体,先后有"野战快速构工作业系统""全地面起重机关键技术开发与产业化""基于大型工程机械自主创新的徐工科技创新体系工程""面向大型工程施工的流动式成套吊装设备关键技术与应用"等项目分别获得国家科技进步二等奖,"野战快速构工作业系统"获得全军科技进步一等奖,"组合式自拆装平衡重装置"获得中国专利金奖。

一流的创新产品。公司持续致力于掌握工程机械各产业产品的全球科技竞争先机,打造"技术领先、用不毁"的高端产品群。公司自主研制的全球首创最大起重能力达88000吨米的履带起重机入选国家"863"项目,以全球首创轮履两用概念起重机、5吨液化天然气装载机、全球最大吨位XR800E超大型旋挖钻机、全球最大吨位XZ13600水平定向钻机、全球第一高度 JP80 举高喷射消防车、亚洲第一高度的 DG100 登高平台消防车，以及有"钢铁螳螂"之称的 ET 系列步履式挖掘机、国内首台 9 桥全地面底盘 2000 吨级起重能力的全地面起重机、国内首台泡沫沥青温拌再生设备等一系列标志性产品填补了国内 100 多项空白，引领中国高端制造。

在军民融合发展方面，成立军品研究所，加紧实施无人操控、全自动变速箱等重大研发项目。公司具有《装备承制单位注册证书》《武器装备质量体系认证证书》和《二级保密资格单位证书》等军工资质，公司全资子公司徐工重型具有《武器装备科研生产许可证》《装备承制单位注册证书》《二级保密资格单位证书》和《武器装备质量体系认证证书》，公司共有 13 家分子公司、38 类产品具备承制资质，军工资质齐全。公司坚定不移实施军民融合战略，全面参与军选民装备采购与军用技术装备的预研科研工作。2019 年，通过竞标获批高寒地区快速除冰道面材料与结构技术研究军方预研项目。在陆军装备部项目管理中心组织的工程机械竞标采购中，公司再次获得压路机、平地机、装载机和高空作业车的订购任务，全年实现军品销售超千台套，销售额近 10 亿元。未来，公司将构建起军选民产品、零部件系统配套、军工专用装备三类业务体系，打造军工领域的徐工品牌。

二、全球布局开拓者

公司所处行业为工程机械行业，工程机械行业在制造业领域中具有举足轻重的地位，是我国具有国际竞争优势的行业。根据中国工程机械工业协会的统计，工程机械包括铲土运输机械、挖掘机械、起重机械、工业车辆、路面机械等二十大门类。工程机械行业应用广泛，主要用于基础设施建设、房地产开发、大型工程、抢险救灾、交通运输、自然资源采掘等领域，总体需求量与固定资产投资额高度相关，受宏观经济周期性变化的直接影响，具备一定的周期性。但从国际市场来看，区域经济景气度存在区域差异性，工程机械呈现弱周期性，因此国际化是公司坚定不移的主战略。经过 20 多年的探索实践，公司走出了一条独具特色的国际化之路，形成了出口贸易、海外绿地建厂、跨国并购和全球研发"四位一体"的国际化发展模式，可为全球客户提供全方位产品营销服务、全价值链服务及整体解决方案；公司已在中亚区域、北非区域、西亚北非区域、欧洲区域、亚太区域、大洋洲区域共涉及 64 个国家布局了完善的营销网络，设有 18 家备件中心、24 个办事处、近 400 个服务网点和 120 余个备件网点，"一带一路"沿线国家布局优势明显；公司拥有强大的国际化拓展能力，在海外拥有 300 家经销商、40 个办事处、140 多个服务备件中心，营销网络覆盖全球 184 个国家和地区，在巴西、俄罗斯、印度、印度尼西亚、哈萨克斯坦、美国、德国、土耳其、肯尼亚、刚果金、几内亚等重点国家成立子公司，开展直营业务，打造经直并重的渠道网络，进一步夯实了国际市场营销服务体系；公司强化国际人才培养，打造素质过硬的国际化人才队伍，根据"一带一路"规划发展的需要，建立了由商务经理、市场经理、产品经理、服务经理组成的"四位一体"国际化人才队伍体系，培养了一支聚焦市场需求、素质过硬、敢打敢冲、协同作战的海外人才队伍。

三、智能制造实践者

公司持续发力智能制造核心能力建设，先后被国家部委、省工信厅评定为国家级智能制造试点示范、国家工业互联网应用试点示范、江苏省首批智能工厂。2019 年，公司在智能制造领域再获重大突破，在南京世界智能制造大会上，公司全资子公司徐工重型荣获工信部颁发的国家智能制造标杆企业，成为行业唯一入选企业。公司新增认定 5 个江苏省示范智能车间，目前累计获得 16 个江苏省示范智能车间。公司大力开展工业大数据、人工智能等新一代信息技术研究与应用，"基于价值链运营增值的企业大数据创新应用项目"荣获 2020 年国家大数据产业发展试点示范项目。公司智能制造重点围绕智能研发、智能工厂、智能服务、智能管理和模式创新 5 大方向，细化为 10 项工程、落地分解为 36 个具体任务进行全力推进。通过提档升级 8 大智能工厂，加速制造环节智能化改造，构建产品全生命周期质量大数据系统，全面推动公司向智能化企业迈进。

公司加快数字化技术能力打造，通过深度融合精益化制造，建成了以全球首条起重机转台结构件智能生产线为代表的 32 条智能化生产线，智能化焊达率 92%，智能化物流工序覆盖率 80%，在线检测覆盖率

85%。建成一批具有行业领先水平的自动化、数字化、智能化的整机和核心零部件智能制造基地,包括轮式起重机、挖掘机、装载机、液压核心零部件、消防装备、精密铸造等智能工厂。大量采用高端、绿色、智能的激光复合焊等工艺装备,行业率先应用光纤激光自动切割线、基于AI的智能调形检测装备,广泛应用数控加工中心、机器人、自动喷漆、粉末喷涂系统以及在线检测系统和 AGV、KBK、积放链等高效物流系统。通过流程信息化建设和设备互联互通、数字化运营指挥中心建设,公司智能化能力水平进一步提升。

公司建立了贯穿数字化研发、智能制造、智能服务、智能管理的徐工特色智能制造系统,行业内率先实施质量大数据系统 X-QMS,深度集成 PDM、ERP、SRM、CRM、MES、SCADA 等核心信息系统,打通供应端到制造端的数据流和信息流,实现了生产过程人、机、料、法、环 5 个层面的数据连接、融合,以及从用户需求到产品交付的端到端集成。同时全面应用大数据、云计算、5G 等新一代信息技术,不断探索新模式、新业态,在无人驾驶、5G 智慧园区、营销服务、电子商务、备件管理等方面取得了多项突破。

四、富有远见和经验的管理者

公司管理层拥有平均超过 30 年、行业内最丰富的管理经验,对行业发展具有深刻的认识和前瞻性思考。历经多轮行业周期的起伏,公司管理层已形成卓越的洞察力和强大的信念力,坚守、改革、创新,形成了对中国和全球工程机械市场及客户需求的深刻理解。公司管理层在行业低谷期保持坚如磐石的战略定力,形成了抗周期低谷、抢复苏机遇的洞见力和执行力。

五、正面形象深入人心

"徐工"品牌是中国工程机械行业最具知名度和最具价值的品牌,也是全球最具有影响力的工程机械品牌之一,拥有厚重的历史积淀。以公司为主体的徐工集团在英国 KHL 集团最新发布的全球工程机械制造商 50 强排行榜中,排名第六,中资企业排名第一,连续数年跻身全球前十强。在2019年世界经理人年会上发布的《世界品牌500强》榜单中，徐工集团位列总榜第427名，中国品牌第38名，也是国内行业唯一入选企业。

公司秉承"担大任、行大道、成大器"的核心价值观和"严格、踏实、上进、创新"的企业精神，让"技术领先、用不毁，做成工艺品"的产品理念根植在每位员工心中，与价值链合作伙伴共同打造创新共赢、珠峰登顶的大器文化生态，持续促动全员、全价值链形成追求卓越、崇尚创新、崇尚品质的行动自觉。

公司始终关注员工实现人生价值的需求，通过表彰先进集体、劳动模范、先进个人等评优创新活动，提升员工的职业荣誉感和人生获得感。2017年以来，公司向工作满10年至40年职工分别颁发一星至五星年功纪念章共9934枚，激发了职工发自内心的自豪感和归属感。

"对党忠诚、为国争光"的红色基因与政治优势是徐工坚守的最独特、最重要的核心文化优势。在习总书记视察徐工之后，徐工不断激励广大干部员工坚定理想信念，恪守大器文化，激发全员产业报国热情，凝心聚力公司广大职工干事创业，成为助推徐工转型升级，实现高质量发展的强劲动力。

六、永葆激情砥砺奋进

在经历行业五年持续低谷后，公司与员工不忘初心，苦练内功，携手奋进，公司实现了高于行业平均增速水平的高质量发展。徐工高质量发展的成绩关键在于徐工人特有的一根筋精神、一种激情和一份清醒。

一根筋地坚守主业。公司管理层牢牢把握战略发展方向，带领全体员工耐得住寂寞、经得起诱惑与竞争挑战、熬得住行业低谷与风雨艰辛，心无旁骛做好制造业，一根筋地做强工程机械主业，才有了公司今天的美誉口碑、竞争力、影响力和全球产业位置。

一种激情地坚定追求。"过去没想到的要想到，过去没做到的要做到，过去没做好的要做好，过去做好的要做得更好、做到极致"，这是公司在多年苦干实干、拼搏奋进中所展现出来的创造激情与创新追求，是新时代公司深耕实业、做强做大、做成世界一流企业的坚实支撑。

一份清醒地坚韧奋斗。因为永保一份清醒，每一名徐工人具有空前的危机感、责任感和使命感。因为永保一份清醒，每一名徐工人明晰差距、不断对标标杆、奋力追赶超越。因为永保一份清醒，无论行业低谷中的磨砺淬炼，还是行业上升时的拼搏奉献，每一名徐工人都始终胸怀对党忠诚、为国争光的产业抱负，排除一切障碍，碾压一切困难，艰苦奋斗，奋发有为，为全球产业珠峰登顶砥砺奋进。

第二十二章

北京千方科技股份有限公司

第一节　总体发展情况

一、企业概况

北京千方科技股份有限公司(以下简称"千方科技")自 2000 年创立至今,已发展为自主创业企业的佼佼者,并于 2014 年在深圳证券交易所成功上市。公司现有员工超过 6500 人,公司业务涉足 150 多个国家和地区。励精图治二十余载,公司经营范围由最初的技术开发、技术推广、技术转让、技术咨询、技术服务、计算机系统服务、数据处理、计算机维修、计算机软件及辅助设备的销售、计算机及通信设备租赁、货物进出口及技术和代理进出口、基础软件服务、应用软件服务、各类广告等业务,稳步发展至 2019 年公司经营范围再次精准定位于技术开发及推广、技术转让及技术咨询、后续技术服务、计算机系统服务及数据处理、计算机软件开发、计算机销售及维修、计算机软件和辅助设备、广播电视及机械设备、文化用品及金属材料、电子等自行开发的产品、货物和技术及代理进出口。专业承包:工程勘察设计及设备租赁,基础软件服务及应用软件服务、设计、制作、代理。公司开疆辟土,完成了质的飞跃,业务涉及城市交通、道路交通、轨道交通、民航运输等领域的智慧+安全的交通产业布局,重新布局的业务链条不仅为客户提供所需产品,且优先提供产品后续可能出现问题的解决方案以及基于产业互联网创新服务的保障,切实为交通管理决策及服务社会公众等方面提供强有力的支持,为交通系统运行效率的提升、交通管理系统的优化、交通运行安全的保障、公众出行效率的提高和体验等方面保驾护航;公司在智能物联(AIoT)领域不仅提供以视频感知和应用为核心支撑的智慧物联产品,还设计提供云端综合解决方案为后续保障,以期协助政府实现数字化治理改革的设想;为企业客户数字化转型和效率升级提供技术支持和帮助,不仅为消费者提供智慧化的产品,智慧安全服务更是赢得了广大消费者的青睐。从智慧安全产品到后续可能问题的解决方案、从云端大数据到出行安全保障、从成熟的硬件基础设施到软件智慧中枢的日臻完善,至此千方科技在智能交通领域,凭借超前的运营管理、优质的服务经验,完成了城市智能交通、高速公路智能交通、综合交通信息服务三大智能板块的有机结合,且形成了三大板块齐头并进、稳步上升,并不断拓展民航、水运、轨道交通等领域,完整的产业链日臻成熟。

公司秉承技术创新是企业发展的命脉这一宗旨,逐年加大科技研发投入的力度,技术研发能力取得关键性突破,累计拥有自主知识产权技术专利两千余项、申请专利3010项,其中2347项为发明专利,获得软件著作权1160项,重大专项科研课题的研发成绩卓然,公司连续几年承担国家省部级重大专项科研共58项,承担多个五年计划国家科技支撑项目。截至2020年12月31日,公司累计获得包括"国家技术发明二等奖""国家科技进步二等奖""中国设计智造奖""北京市科技进步奖"在内的国家及省级科技类奖项22项。被授予"中国软件和信息服务业综合竞争力百强企业""国家高新区百快企业""中国智能交通行业最具影响力企业""德勤高科技/高成长中国50强""福布斯中国潜力企业",2018北京"民营企业百强",2018北京"民营企业科技创新百强",2019北京"最具影响力十大企业",2019北京"软件和信息服务业综合实力百强企业",2019北京"民营企业百强",2019北京"民营企业文化产业百强""中关村十大卓越品牌""中关村高新成长企业TOP100成就奖"等荣誉称号。

公司有效推进与外部的合作,日臻完善技术生态,强化技术领先优势;持续加快新技术产品化、商用化步伐,加大技术产品与服务深度融合创新的力度,深入探索各项业务发展的新模式、新市场、新机遇,为公司发展战略提供理论与实践的有力支撑。

公司自 2019 年至今，陆续与阿里巴巴、百度、腾讯、中国移动、中国航信、浪潮等多家知名企业签订了战略合作协议，旨在充分发挥各自技术优势，加深合作，推进智能交通、边缘计算机等领域的解决方案尽早落地实施；推动行业内关键技术的研发及业务实施模式的创新升级。公司遵循高端人才的培养和引进梯形发展的原则，保障前沿技术的集成和创新，不断完善并推动校企合作机制，先后与北大、清华、北航等多所院校签署合作协议，旨在人才培养输入、专项技术研发等方面展开合作，以期探索一条切实可行的人才培养长效机制。

二、财年收入

千方科技财政情况见表 22-1。

表 22-1 千方科技财政情况

财 年	营业收入情况		净利润情况	
	营业收入（亿元）	增长率（%）	净利润（亿元）	增长率（%）
2016	23.4	52.03	3.3	29.7
2017	53.6	129	4.6	39.4
2018	72.5	35.3	7.6	65.2
2019	87.2	20.3	10.1	32.9
2020	94.1	22.4	19.3	39.7

数据来源：赛迪智库安全产业所，2021 年 4 月。

第二节　主营业务情况

一、主营业务

（一）智慧交通业务

公司针对人们在交通运输、交通管理、出行安全服务等方面的实际需求，顺应行业数字化、智能化的发展趋势，全面整合资源，透彻分析在行业内率先推出以交通行业 OS 为支撑，面向智能物联时代、覆盖全业务范畴、全栈式技术、全要素数据、全生命周期的 Omni-T 及全域交通等诸多领域的解决方案，构建包括云智能、边缘智能、端智能在内的交通智能体、打造全域交通解决方案的核心机能。该方案主要通过行业 SaaS 平台不间断地为客户提供业界最佳的实践体验。

（二）交通云服务业务

公司秉承行业从"一个需求造一套系统"的原则，依据可软件定义的交通基础设施建设需求，基于云平台技术架构着力打造全域交通综合解决方案，以此为多种灵活部署方式提供支撑，使客户充分享有基于云计算运营模式的交通云服务，整合客户原有多个分散子系统进入统一云平台，打破原系统内部数据壁垒，以期实现客户业务线上快速部署及应用的目的，加速推进客户数字化转型升级进程。

（三）智慧交通业务场景

智慧交通业务场景是指城市交通、城际交通以及包含民航和基于 AI、大数据等属性在应急救援创新所实现的外延拓展，从而满足客户数据应用、综合管理等需求在内的多个领域，具体涉及：智慧交运、智慧交管、静态停车、智慧轨交、高速信息化、智慧路网等领域。为多层次综合交通系统的安全、便捷、高效提供有力保障。

二、重点技术和产品介绍

公司精准把握客户应用场景及业务价值的透彻全面评估，重点围绕高端智能和边缘智能，有针对性地提供客户多个具有自主知识产权的智慧交通系列硬件产品。

端侧核心产品：目前该产品已覆盖智能处理与管理管控、数据交互及信息感知采集等多个领域，其中包括 ETC、交通流量调查、V2X 智能网联、交通信号控制等多个产品系列，为搭建高效稳定的智慧交通系统等硬件产品提供强有力的支撑。

边侧核心产品：公司于 2020 年瞄准"新基建"国策带来的机遇，迅速推出云边端架构下的智慧边端系统载体——边缘智能体（智能路口、智能路段、智能门架三大系列），该产品具有提供智能计算、全息感知、路车交互、协同控制等能力，能有效支撑数字化道路的基础设施，构建未来车路协同的"桥梁"。

智能物联（AIoT）产品：公司以全景、物联、数智产品技术为核心，加大资源协同力度，加强AI等核心技术创新研发资金投入，完善公司产品线，强化全球化战略布局。

智能物联产品：这是由核心产品与AI等技术融合打造而成，面向企业、各类消费者及政府等多个客户的端边网云协同发展，并贯穿感知而后传输到存储计算的具有完整链条的智能物联产品体系。前端产品大多用于以视频为核心的数据感知，包括热成像摄像机、网络摄像机等产品，产品有效结合行业智能化应用的升级发展趋势，借助工程化落地为支撑，强化场景适配而推出的深度智能摄像机产品，使捕获和抓拍等感知性能得到显著提高；边缘计算产品更多用于边缘侧数据处理，如人脸速通门等产品，该产品主要通过智能算法赋能边缘设备、高性能计算芯片，来满足部分业务需要数据实时高效处理要求，进而大大提升系统的整体运行效率。

第三节 企业发展战略

一、市场前景分析

未来行业市场竞争会愈加激烈，新型交通基础设施建设相关政策相继出台，为适应市场行业数字化、智能化转型升级不断涌现，新兴技术与产业场景的融合势不可挡，数据智能、业务智能效用功能将迅速显现，以智能网联为主体的新一代示范项目加速实施，运营智能服务等创新模式不断涌现，智慧交通行业将加速进入变革期，势必加快数字化转型步伐。

国家会继续大力发展新基建，随之智慧物联、5G、大数据等高端技术将在应用场景落地，智能物联行业将顺势快速增长；在大环境下行业也面临着复杂多变的国际贸易环境和供应链重构的局面。政府数字化改革、社会治理手段升级势在必行，一系列变革必将推动智能化综合成本连续下降,智能产品功能加速迭代升级,行业智能化升级加速渗透,数据智能与视觉智能相辅相成,促进客户价值圆满实现和商业闭环完善成型,促进价值场景持续衍生。未来市场十分广阔。

二、公司发展战略

千方科技依据对未来市场发展的透彻分析、精准定位,瞄准未来市场的需求,制定了与之相适应的公司发展目标和长远规划,继续贯彻执行"业务板块拓展与重构""管理架构及内控体系梳理与完善"的理念;针对公司发展目标和智能交通市场的变化需求,确立由业务项目型向"智能产品+智能服务"的运营模式转变的发展思路,对内继续加大实施业务重组,对外加大业务板块拓展的力度,"大交通"的业务布局日臻完善。

(一)完善丰富交通大数据资源,保持数据智能业内领先优势

牢牢把握数据在数字产业中的引擎地位,加快完善构建持续迭代更新的交通大数据资源平台的进程,在积累了以位置为核心的多源动态海量数据的基础上,不断强化数据治理和 AI 能力,充分发挥数据价值;确保数据资源和数据智能技术稳居业内领先地位。加速大数据与业务深度融合进程,为公司洞悉行业技术发展趋势、洞察客户需求,为实现客户价值提供方便快捷的服务,从而成为驱动公司迅猛发展,增强公司技术创新的核心力量。

(二)广泛覆盖营销服务网络,持续优化供应链布局

在原有的基础上持续完善营销服务网络,加大营销服务网络的覆盖范围,扩大并提升公司品牌影响力,强化客户群对公司整体感知度,快速响应并满足客户需求,深度分析、探索、挖掘市场潜力,为销售服务网络高效快捷运营提供坚实保障;针对行业市场变化需求,在原有的基础上继续分支机构的完善和建立,及时有效地为行业客户提供本地化服务,满足客户需求;针对海外营销市场,公司将继续与海外合作伙伴保持并加强良好的合作关系,提升价值客户的保有量,保障公司海外业务更上一层楼。日益完善供应链管理体系,加强与核心器件及芯片供应商

的合作关系，打造共赢局面，不断完善并构建产品质量保障体系，加快智能制造基地的打造步伐，快速提高生产制造能力，提升市场需求应变能力。

（三）构建技术创新的研发体系，持续强化技术领先优势

技术创新是企业发展的核心力量，要想公司发展壮大必须坚持科技研发不动摇，突破关键技术，专利和重大专项课题研发要始终走在行业前列；持续完善外部合作及技术生态，提升技术领先优势。加快新技术产品化、商用化的步伐，大力推动技术产品与业务相融合的创新进程。

科技创新靠的是人才，要牢固树立"人才为本"的发展理念，优化完善人才体系建设，加快构建高端技术人才引进、核心人才培养机制，建立完善多层次的切实可行的多样化的绩效考核和薪酬分配激励机制，为核心人才施展才华搭建平台。

第二十三章
北京辰安科技股份有限公司

第一节 总体发展情况

一、企业概况

北京辰安科技股份有限公司（以下简称"辰安科技"）是一家源自清华大学，由中国电信控股的高科技企业，是清华大学公共安全研究院的科技成果转化单位，公司于2016年7月在深交所成功上市，股票代码为300523。

辰安科技是国际化公共安全产品与服务供应商，专注于为政府和应急相关部门行业、大型企业提供消防安全、工业安全、应急管理、城市安全运行监测等软件产品、应急装备销售与技术服务，以及灾害风险监测预警、人防安全、环境安全、园区安全、社会安全和安全文化等服务，为城市公共安全提供顶层设计、建设和运营服务。

辰安科技致力于公共安全技术的进步和产业化。在公共安全应急体系和城市安全的关键技术系统与装备方面，辰安科技拥有完整的自主知识产权和系列核心技术，公司及分、子公司共取得五百余项软件著作权和国内外专利，荣获"国家科学技术进步一等奖""国家科学技术进步二等奖""公安部科学技术一等奖""教育部科技进步一等奖"等。

辰安科技源于北京辰安伟业有限公司。2005年至2006年，清华控股成立北京辰安伟业科技有限公司。期间，清华大学公共安全研究院院长、公司首席科学家范维澄院士在中央政治局第三十次集体学习中为政治局委员做了题为"国外安全生产的制度措施和加强我国安全生产的制度建设"的讲座；公司与清华大学共同承担国家"十一五"科技重大支撑计划项目"国家应急平台体系关键技术研究与应用示范"，启动国家应急平台体系总体设计，并编制国家应急平台体系技术标准与规范。同期，我国首次全国应急管理工作会议由国务院正式召开，《国务院关于全面加强应急管理工作的意见》（国发〔2006〕24号）印发，应急管理体系建设全面开展。2011—2012年，公司完成股份制改造，更名"北京辰安科技股份有限公司"。2013—2014年，公司承担了"国家应急平台体系关键技术系统与装备"国家重大科技成果转化项目，并在北京市政府的支持下开展"北京市物联网应急平台工程技术研究中心"和"公共安全物联网应急技术北京市工程实验室"建设，被北京市经济信息委认定为"北京市企业技术中心"。2015—2016年，公司荣获公安部科学技术一等奖、北京科学技术二等奖（2项），2016年7月在深交所上市。2017—2019年，承担应急管理部信息化顶层设计、研发全国重点应急资源信息管理系统，起草"应急管理部关于加强应急基础信息管理的通知"文件，中标应急管理管理部"应急一张图"项目并荣获国家科学技术进步二等奖。

二、财年收入

辰安科技的财政情况见表23-1。

表23-1 辰安科技财政情况

财 年	营业收入情况		净利润情况	
	营业收入（亿元）	增长率（%）	净利润（亿元）	增长率（%）
2016	5.48	32.6	0.8	0.2
2017	6.38	16.6	0.91	13.75
2018	10.3	61.4	1.36	49.5
2019	15.6	51.5	1.24	-8.82
2020	16.5	5.43	0.92	-25.57

数据来源：赛迪智库安全产业所，2021年3月。

第二节 主营业务情况

辰安科技作为国内为数不多的公共安全与应急领域领先企业及国际化公共安全产品与服务供应商，主要从事公共安全软件、公共安全装备的研发、设计、制造、销售及相关服务。公司定位的公共安全产业涉及自然灾害、事故灾难、公共卫生、社会安全事件四个方面，当危及大多数人的生命健康和财产安全的突发事件发生前后或发生时，为此类事件的预防与应急准备、监测与预警、应急处置与救援、事后评估提供产品和技术支撑及服务。目前，辰安科技已形成了公共安全与应急平台、城市安全、海外公共安全、消防安全等四大板块，分别为相关市场提供公共安全应急平台软件与服务、城市安全运行监测服务、海外国家公共安全与社会防治服务以及全方位的消防安全服务。此外，辰安科技还着力向工业安全、环境安全、安全文教等业务发展，形成了"4+3"的业务格局。

为加速国内业务发展及推动业务落地，辰安科技加快主要产品与服务整合，积极开拓"两云、两中心、一基地"的总体发展和推广模式，即综合应急指挥中心（对应公共安全与应急平台业务）、城市安全运行监测中心（对应城市安全业务）、消防安全云（对应消防安全业务）、工业安全云（对应工业安全业务）、安全培训教育体验基地（对应安全文教业务），如图23-1所示。目前，公司业务已覆盖国内32个省，10余个国家部委，近300个地市区县级市场，以及拉丁美洲、非洲、东南亚、中亚、西亚等地区的海外国家和"一带一路"沿线国家。

第三节 企业发展战略

一、以科技研发为立足之本

辰安科技的业务以科技创新和新产品开发为基础。在研发费用投入方面，辰安科技2020年研发费用1.04亿元，较上一年度下降17.66%，总体继续维持稳定投入。同时，公司不断提升质量管理体系，推进知识产权积累，截至2020年12月31日，公司及下属子公司共拥有授权专利250余项（其中发明专利超过50项）、软件著作权超过600项。公司专注于主营业务发展，通过技术创新赋能产品，为客户创造价值，围绕公共安全核心技术研究理念，紧跟技术发展趋势，积极将大数据、人工智能、云计算等新技术引入公共安全领域，不断实现技术创新和突破，在综合应急、自然灾害监测预警、工业安全、消防安全、城市安全、安全文化教育等领域实现产品化与技术创新，为应急产业赋能。辰安科技以研究院作为技术支撑部门，立足公司各项业务实际需求，积极探索研究自然语言处理技术、语音语义识别技术、计算机视觉技术、突发事件网络发现、舆情监测、数据治理等技术，创新业务解决思路与技术方法，加强产品化进程，并在全国多个项目中落地应用，全面积累应用能力。研究成果在应急管理与城市安全、消防、工业安全以及海外项目等多个项目规划中提供支持。

图23-1 辰安科技整体业务发展板块

二、不断吸收高端人才保障核心竞争力

辰安科技以科技创新和新产品研发为核心竞争力，人才是其重要的战略资源。目前，辰安科技拥有一大批具有雄厚科研攻坚能力及重大项目实施经验的员工，聚集了公共安全、行业业务、现代信息化等技术领

域的专家,以及管理人才。2020年公司持续加强中高端人才引进,强化优秀人才在核心竞争力提升方面的积极作用。全年共引进硕博及高端留学人员100余人,占全年招聘总量的22%。辰安科技要求各类人才在实际工作中充分展现业务能力与创造力,设立了人才引进、培训培养、职称提升、技术创新奖励等管理机制,推进岗位公约机制与员工绩效承诺管理,不断要求各专业人才在实际工作中发挥重要作用。公司持续建设北京、武汉、合肥三大研发基地,各研发团队发挥自身技术开发优势,不断创新实践,持续研发推出大量符合国内外各界用户需求的各类应急管理系统应用和软件产品。

三、依托四大方向开展科技创新

辰安科技以公共安全关键技术研究、新业务解决方案、新技术研究、软件产品等四大方向为主开展科技创新。在公共安全关键技术研究方面,开展城市综合风险评估、灾害模型体系构建及针对洪水、危化品事故、地震、林火、地质灾害等灾害模型系列技术及服务化研究,初步构建了综合风险评估技术体系与公共安全灾害模型体系,在危化品事故、森林火灾、地震等系列模型工程化方面取得了跨越式进步;在新业务解决方案方面,继续深化"两云、两中心、一基地"业务解决方案战略,重点围绕综合应急、自然灾害监测预警、自然灾害风险普查、安全生产监督管理、安全生产监测预警、城市安全运行监测、工业安全、消防安全、安全文教等关键领域进行前沿技术跟踪、应用技术研究,不断形成新技术和新产品;在新技术研究方面,围绕公共安全各领域对人工智能、虚拟现实等方面的需求,重点研究自然语言处理、语音识别、图像识别、知识图谱等新技术,完成了多项基于图像的人工智能视频分析技术研发,实现了人群密集算法、"火眼"算法的升级版、基于无人机航拍的火线位置提取、火灾区域计算等在公共安全领域中的应用;在软件产品研发方面,以应急数据治理(EDMP)、应急云调度(EDCP)为底座,打造了由应急管理一张图(EGIS)、应急指挥一张图(EDSS)、应急指挥综合业务系统(EMIS)的大应急产品体系,为公司在应急业务领域的深耕和市场占有率的提高打下坚实基础。

四、国内外多向开展业务拓展

辰安科技在国内国外多地开展公共安全与应急平台、城市生命线、消防安全等业务。在公共安全与应急平台方面，辰安科技在黑龙江、辽宁、浙江、江西、江苏、广西、甘肃等省份，为应急管理厅提供应急指挥综合业务系统、应急管理辅助决策系统、应急管理一张图等产品，为成都、巴彦淖尔、烟台、佛山等几十个城市深度打造公共安全信息化平台，业务涉及应急指挥及管理、智慧城市、环境安全、自然灾害预警、安全文教等多个领域。在城市生命线方面，辰安科技在合肥、佛山、徐州、淮北、马鞍山、深圳坪山、山东烟台等多地拥有项目。在海外公共安全板块，公司将中国港澳台地区纳入该板块管理，将地区市场划分为非洲北、非洲南、拉美北、拉美南、东南亚、中东/南亚、中亚/西亚七个大区，并签约了拉丁美洲某国、老挝、菲律宾、印度尼西亚等多个海外国家的项目。在消防安全板块，辰安科技积极开展智慧消防业务，加快消防行业转型升级，2020年获得深圳地铁、广州白云机场、合肥综合管廊及多个企业项目，并加大了对消防科技公司的投资力度。

第二十四章

重庆梅安森科技股份有限公司

第一节 总体发展情况

重庆梅安森科技股份有限公司（以下简称"梅安森"）成立于2003年，总部位于重庆市高新区二郎科技新城高科创业园内，注册资本1.68亿元，2011年11月在深圳证券交易所上市，现拥有近7000平方米的科研生产基地，是一家专业从事安全领域监测监控预警成套技术与装备研发、设计、生产、营销及运维服务（ITSS）的民营高新技术企业。公司利用自身在智能感知、物联网及大数据分析等方面的技术优势，在同一技术链上，打造相关多元化产业链，已经成为"物联网+安全与应急、矿山、城市管理、环保"整体解决方案提供商和运维服务商。经过十多年的发展，梅安森目前拥有8家子公司，员工400余人，各类专业技术人员240多名，其中研究员3名、高级工程师12名、工程师20余名，拥有1家研究院、6家子公司、10个业务办事处，业务覆盖全国多个省级行政区域。

梅安森定位于"物联网+"企业，专注安全领域十余年，不断推动安全监测监控技术产品的创新和实践应用，利用自身在物联网大数据方面的优势，打造多元化产业，业务范围已从最初的传统矿山安全领域拓展到管网和环保领域。致力于"大安全、大环保"，围绕矿山、管网和环保三大业务方向，梅安森利用自身在互联网及大数据方面的优势，打造安全服务与安全云、环保云大数据产业。公司坚持"创新推动安全发展，服务构建和谐未来"的企业精神，不断创新和完善安全技术、产品和服务体系，成为"安全生产守护者"。2018年，梅安森被列入首批（共30家）国家应急产业重点联系企业名单。梅安森承担的国家相关课题与项目情况见表24-1。

表24-1　梅安森承担的国家相关课题与项目情况

序号	项目类别	项目情况
1	国家级项目	13项
2	省部级项目	26项
3	平台类项目	5项
4	国家火炬产业化项目	煤与瓦斯突出实时诊断系统，总投入约3000万元
5	国家物联资金专项	重庆物联地下管网安全运行监管系统研制与示范项目，总投入约2800万元
6	国家发改委项目	应急联动预警防范及综合服务示范工程项目，总投入6200万元

梅安森近三年的财务指标见表24-2。2020年，受新冠肺炎疫情影响，国内国际经济受到较大冲击。公司采取各种措施努力降低疫情对公司造成的不利影响，积极开拓主营业务市场，经营业绩总体保持平稳，实现营业收入284,733,249.97元，归属于母公司的净利润27,085,470.83元。

表24-2　重庆梅安森科技股份有限公司近三年的财务指标

财年	营业收入情况		净利润情况	
	营业收入（亿元）	增长率（%）	净利润（亿元）	增长率（%）
2018	2.34	-18.75	-0.59	-240.5
2019	2.71	15.81	0.20	—
2020	2.85	5.17	0.27	35.0

资料来源：赛迪智库安全产业所，2021年4月。

第二节　主营业务情况

一、安全产品和技术

（一）矿山业务

矿山业务是梅安森的主营业务之一，主要产品包括：智能矿山、智慧矿区、物联网技术的开发与应用、矿山专用设备、煤矿安全监控系统、瓦斯抽采监控系统、瓦斯突出预警系统、人员与车辆定位系统、无线通信系统、通讯广播系统、综合自动化系统、非煤矿山管理系统、露天矿边坡结构监测系统、露天矿车辆与人员定位管理系统等，为用户提供包括物联网软件平台、传输控制设备及网络、采集端智能传感器、运维服务等内容的安全及生产整体解决方案；同时通过云计算和大数据分析技术应用，为客户提供安全生产智能化应用与增值服务。梅安森智慧矿山综合管控平台架构如图 24-1 所示，具有单一工作升级为协同工作、从手工录入升级为自动生成、从被动查询升级为主动提示等特点。

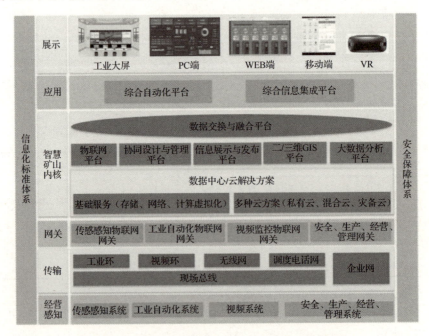

图 24-1　梅安森智慧矿山综合管控平台架构图

（二）环保业务

环保业务主要产品包括：智慧河长监管、污染源在线监测、地表水水质在线监测（江、河、湖、库）、空气质量在线监测以及环境综合监控等相关业务平台（系统）软件、采集传输设备以及各类监测传感器等；面向美丽乡村、学校、高速公路、景区等分散式生活污水处理场合研发的智能一体化污水处理装置系列产品；为集团化、规模化污水处理装置（厂站）运营管理需求研发的水务运营管理信息平台，同时针对河道黑臭水体、矿井废水等行业提供以核心污水处理工艺技术包为基础的专业性解决方案及定制型污水处理系列产品。其中，MAS-BSF型智能一体化污水处理系统实现污水处理的可视化管理和无人值守运行，被确认为重庆市科学技术成果。

（三）城市管理业务

梅安森针对城市治理能力和服务水平提升的应用需求开发了相关产品，主要包括：智慧城市管理综合服务平台（含各业务子系统）、桥梁边坡隧道结构安全监测预警系统、危险气体在线监测系统、城市部件物联感知设备、智能井盖系统、地下排污管在线监测等；在城市应急管理领域主要包括：化工园区智慧应急/安监管理平台、智慧应急管理平台、化工企业人员物资精确定位系统、化工企业安全生产监管信息系统等；在综合管廊管线/铁公路隧道领域主要包括：综合管廊环境监测产品、综合管廊管理信息化平台、隧道监测系统等产品。其中，智慧市政综合管理平台是基于"互联网+市政安全"理念构建的一套市政综合管理工具，可实现市政设施属性、实时监测数据、视频信息、车辆定位、管辖范围、单位信息等业务内容集成到统一、关联、协作的平台上，使各市政管理子系统数据互联互通，杜绝单一信息孤岛现象存在，使城市管理更高效。梅安森城市管理业务部分产品及应用领域如表24-3所示。

表 24-3 梅安森城市管理业务部分产品

市政业务系列	主要产品	主要建设目标及应用领域
城管/市政设施智能监控及其平台	井盖安全监测系统、下排水道危险源监测系统、桥隧健康监测系统、暴雨点积水监控系统等	主要用于实现对城市管理/市政工程设施、市政公用设施（井盖、路灯等）、市容环境监督管理的智能化综合管理指挥
安监综合管理平台	安监信息、网格化监管、隐患排查、行政执法、监测预警与应急救援等	主要用于实现"横向到边、纵向到底"的安全生产监管格局，为各级安委会成员单位实现行业监管，安监局实现综合监管提供了实用性强、扩展灵活的安全生产综合信息监管平台
城市综合管廊智能化防控产品及其平台	结构健康监测系统、环境监测系统、设备监控系统、火灾报警控制系统、通信系统及安全防范系统等监测监控产品	主要用于实现综合管廊全生命周期的运营服务管理与安全保障服务等
智慧综合管廊运营平台	电力电缆温度实时在线监测系统和综合管廊防侵入在线监测系统	主要用于实现城市地下管线信息资源（供水、排水、燃气、电力（路灯）、电信、广播电视、工业、热力）的统一管理、互联互通

二、关键技术研发方向

在技术研发方面，梅安森坚持应用型研究和前瞻性研究相结合的管理理念，以梅安森研发中心为核心，外部研发合作为辅，积极推动公司开放式研发平台建设，紧紧围绕既有业务发展方向，强化技术链和产品链的整合。公司积极开展"物联网+"领域的感知端、传输端、平台端到大数据可视化的研究开发，并与行业应用深度融合，不断将5G、人工智能、大数据、云计算等信息化技术融入公司产品，提升公司核心竞争力。

在新产品方面，梅安森成功推出具有自主知识产权的"小安易联工业互联网操作系统"，该系统是一套能提供各种业务支撑能力的标准化操作系统平台，可快速构建智慧城市管理、智慧矿山、智慧应急、智慧管廊、智慧园区、智慧环保等大型行业应用管控平台。且该系统先后完成面向鲲鹏、飞腾、龙芯、海思麒麟等国产 CPU 适配与优化，完美运行于 UOS 等国产操作系统，全面高效地完成了小安易联工业互联网操作系统国产化适配认证，目前已通过统信、龙芯国产系统或芯片认证，该系统的推出将对未来相关业务开展提供更好的技术支撑能力。

未来，随着信息化技术的不断发展，传统行业向"智慧化""智能化"加速转型，为了抓住市场机遇，梅安森于 2020 年 5 月推出再融资项目，拟向特定对象发行股票募集资金用于实施"基于 5G+AI 技术的智慧矿山大数据管控平台项目"以及"基于 5G+AI 技术的智慧城市管理大数据管控平台项目"，项目实施完成后，公司将能够为相关行业及客户提供更加高效、稳定的智慧化生产及安全整体解决方案，同时有助于公司成功转型，并在相关领域巩固市场地位。

第三节 企业发展战略

一、以技术创新作为企业发展的驱动力

作为一家高新技术企业，技术创新是推动企业发展的驱动力，是企业打造持续核心竞争力的重要组成部分。梅安森长期致力于打造一支专业、稳定、结构合理、富有生命力的研发团队，专注产品研发和重大项目技术攻关，以自身发展的实际需求为出发点，积极推动基础性共性技术的研究和产业应用型产品的研发工作。目前，公司在全国范围内拥有 46 个合作伙伴以及一支专业技术服务团队，研发及工程技术人员 180 余人，其中高级职称及以上工程师 24 人、中级职称人员 100 余人，同时公司还聘请了享受国务院特殊津贴的资深行业技术专家为公司的专业技术顾问，指导公司产品研发和重大项目技术攻关。截至 2020 年年末，梅安森获重庆市科技进步二等奖 1 项，国家专利优秀奖 1 项，国家软博会金奖 1 项；获得专利权证书和著作权证书共计 344 项（其中授权发明专利 22 项、实用新型专利 45 项、外观设计专利 3 项、计算机软件著作权 274 项），软件产品评估 103 项，重庆市高新技术产品 41 项；产品安标 156 个，41 项科技成果登记证书，4 项国家高技术产业化项目。

2020年，公司投入研发费用约2400万元。

二、销售服务一体化凸显优势

"销售服务一体化与全过程技术支持"既是梅安森的客户服务理念，也是营销理念。公司长期坚持该理念，成立了区域办事处，由"销售人员+售前技术支持工程师+售后工程交付运维工程师"构成区域营销管理的"铁三角"，以销售为核心、技术为支撑、服务为导向，强化售后服务水平，加强与终端客户的沟通连接，及时响应客户的相关需求，该模式使公司能够在及时为客户排忧解难、提供技术服务、提升用户的售后服务体验的同时，加强产品销售推广力度，密切公司与客户的合作关系，同时及时收集客户的技术反馈意见，为进一步改进技术、提高产品质量提供宝贵的经验。目前，梅安森已建立起了符合ITSS标准要求的标准化、智能化的运维服务平台，运维服务团队强劲有力，持续为公司客户提供全覆盖、全天候的运维服务。

三、全技术链模式走在行业前列

梅安森不是单纯的软件企业，是拥有从信息采集、网络传输、自动控制、平台软件应用、大数据分析及可视化展示应用的完整技术体系，基于该技术体系已实现了在矿山、城市管理、环保等业务领域的融合应用，具备了完全的技术控制能力。结合中长期发展战略以及向新业务领域转型升级的需要，梅安森不断探索"围绕同一技术链，产业互联网化，运维智能化"的业务模式，积累了大量的技术运营优势，使得在同行业中具备先发优势。梅安森坚持以物联网及安全监测监控与预警技术和成套安全保障系统为核心，坚持以传感器测量技术、大数据、数据分析、应急预警及处置的专业化发展思路，充分发挥作为物联网信息化公司的核心技术优势，通过全面提升技术和服务的水平与质量、内部资源整合和管理优化，以矿山业务、环保业务、城市管理业务等领域为重点，争取成为国内领先的"整体解决方案提供商和运维服务商"。

第二十五章

浙江正泰电器股份有限公司

第一节 总体发展情况

一、企业概况

浙江正泰电器股份有限公司（以下简称"浙江正泰"，股票代码601877）成立于1997年8月，是正泰集团核心控股公司。公司专业从事配电电器、控制电器、终端电器、电源电器和电力电子等100多个系列、10000多种规格的低压电器产品的研发、生产和销售。公司于2010年1月21日在上海证券交易所成功上市；2016年，公司收购正泰新能源开发有限公司100%的股权，注入光伏发电资产及业务。积极布局智能电气、绿色能源、工控与自动化、智能家居以及孵化器等"4+1"产业板块，形成了集"发电、储电、输电、变电、配电、售电、用电"为一体的全产业链优势。业务遍及140多个国家和地区，全球员工超过3万名，年销售额超800亿元，连续18年上榜中国企业500强。正泰电器为中国第一家以低压电器为主营业务的A股上市公司，位列亚洲上市公司50强。

公司顺应现代能源、智能制造和数字化技术融合发展大趋势，以"一云两网"为发展战略，将"正泰云"作为智慧科技和数据应用的载体，实现企业对内和对外的数字化应用与服务；依托工业物联网（IIoT）构建正泰智能制造体系，践行电气行业智能化应用；依托能源物联网（EIoT）构建正泰智慧能源体系，开拓区域能源物联网模式。正泰集团凭借严格甚至可以说强硬的质量管控手段,为企业快速发展护航。在同行业内率先获得 ISO9001 质量体系认证证书、CCC 认证证书、中国工业大奖、首届中国质量提名奖和全国产品和服务质量诚信示范企业等诸多荣誉。同时,企业参与制修订行业标准 240 多项,获国内外各种认证 2000 多项、专利授权 4000 余项。

自上市以来,公司利用稳固的行业龙头地位、卓越的品牌优势、强大的技术创新能力及自身产业链升级等优势逐步实现向系统解决方案供应商转型,公司还将进一步通过产业链的整体协同,把握行业发展契机和电改机遇,构建集"新能源发电、配电、售电、用电"于一体的区域微电网,实现商业模式转型;完善电力产业链各个环节,从单一的装备制造企业升级为集运营、管理、制造为一体的综合型电力企业。

二、财年收入

浙江正泰财政情况见表 25-1。

表 25-1　浙江正泰财政情况

财　年	营业收入情况		净利润情况	
	营业收入(亿元)	同比增长率(%)	净利润(亿元)	同比增长率(%)
2018	274	17.1	35.9	26.4
2019	302	10.2	37.6	4.7
2020上半年	146	1.3	18.1	1.5

数据来源:赛迪智库整理,2021 年 4 月。

第二节　主营业务情况

一、主营业务

公司主要从事配电电器、终端电器、控制电器、电源电器等低压电器及电子电器、仪器仪表、建筑电器和自动化控制系统等产品的研发、生产和销售；太阳能电池、组件的生产及销售、EPC 工程总包，电站开发、建设、运营以及运维等。

目前，公司低压电器生产主要采用存货与订单生产相结合的方式。公司的销售主要采用经销商模式由经销商拓展综合市场批发零售客户、量大面广的行业中小客户，公司渠道团队协同支持与服务；同时采取铁三角业务模式由公司行业团队直接攻关拓展行业头部客户与重点项目，拓展成功后转交由经销商配送服务。

低压电器行业是一个充分国际竞争、市场化程度较高的行业，形成了跨国公司与各国国内本土优势企业共存的竞争格局。作为根植于中国这一全球增长最为迅速的庞大低压电器市场的龙头企业，公司的营销网络优势、品牌优势、技术及管理优势有助于公司继续巩固领先地位，并持续受惠于行业的结构性变化，而公司的成本优势加之积极技术创新，有利于构筑开拓国际市场的后发优势。

光伏新能源作为一种可持续能源替代方式，经过几十年发展已经形成了相对成熟且有竞争力的产业链。公司一直深耕光伏组件及电池片制造，光伏电站领域的投资、建设运营及电站运维等领域，并凭借自身丰富的项目开发、设计和建设经验，不断为客户提供光伏电站整体解决方案、工程总包、设备供应及运维服务。。

二、重点技术和产品介绍

在全球能源发展面临资源紧张、环境污染、气候变化三大难题的背景下，能源格局优化成为必然趋势。浙江正泰积极推进"一云两网"战略布局，持续分阶段推进大数据、物联网、人工智能与制造业的深度融合，着力打造平台型企业，引领行业发展新风向（见图 25-1）。

（一）正泰云

正泰云是智慧科技与数据应用的载体，连接企业内部制造与经营管理数据，实现企业对内和对外的数字化应用与服务。正泰能源物联网构筑了区域智慧能源综合运营管理生态圈，为政府、工商业及终端用户提供光伏发电、多能互补、储能系统、智慧热网、智慧微网、能效楼宇等一揽子能源解决方案，让能源更安全、绿色、便捷、高效；正泰工业物联网构建基于海量数据采集、汇聚、分析的服务体系,支撑制造资源泛在连接,为智能制造赋能,提供工业控制自动化解决方案等,助力传统制造业数字化转型。正泰云的特点包括安全性(数据库安全、设备连接安全、多数据中心、数据异地备份)、可扩展性(支持微服务、支持容器化、支持模块化、支持组态化)、数据交互性(支持多租户、支持数据隔离、支持存储隔离、支持数据聚合分析)、可伸缩性(运算处理能力动态扩容、数据存储能力线性扩容)。

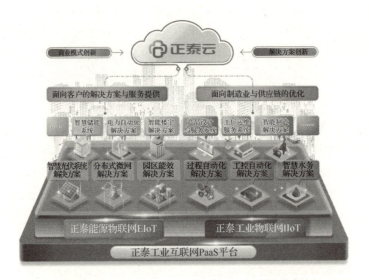

图 25-1　浙江正泰"一云两网"主营业务图

正泰云安全管理模块提供了 SSL/TLS 标准、身份认证&权限策略、通信安全&传输加密、操作审计、数据脱敏、实时监控等多个层面的有效安全管理机制,保障平台与数据的安全。

(二)正泰工业物联网

正泰工业物联网是以企业数字化转型为核心的智能制造体系,构建形成灵活、高效、智慧的工业体系,业务涵盖智能制造、智慧工业、智慧水务、智慧供热等。总投资近 2.4 亿元的"基于物联网与能效管理的数字化"智能制造项目通过了工信部专家组验收。该项目的软件系统和 SCADA 平台全部为正泰自主研发,自动化设备基本为自主设计+国产化协同，实现了从设计、仿真、制造、装配、检测、包装、物流、销售的全过程数字化。浙江正泰自主研制行业首台（套）集关键零部件加工、装配、检验、包装等全制程的自动化生产线，集成制造执行 MES、自动物流、智能仓储 WMS、能效管理 EMS、产品全生命周期管理 PLM 等系统，实现从设计到销售的全价值链数字化，率先完成离散型智能制造新模式在用户端电器行业中的应用。

（三）正泰能源物联网

正泰能源物联网是以用户为中心的多能互补的智慧能源体系，为政府、工商业及终端用户提供一揽子能源解决方案，业务涵盖智慧能效、智慧电力、智能家居、智慧新能源等。浙江正泰凭借强大的全产业链优势，投融资优势和光伏项目开发、建设、运营优势，为清洁能源客户提供一站式系统解决方案，更大幅度降低社会能源运作成本，优化能源产业布局与结构，进而为推动能源可持续发展，促进生态文明建设做出积极贡献。

第三节　企业发展战略

一、保证数量，提升质量，持续优化渠道核心竞争力

截至 2019 年年底，公司拥有 500 多家核心经销商，4700 多家重点二级分销商，超 10 万家终端渠道，形成以省会城市与重点工业城市为核心、地级市广覆盖、区县级深度下沉的营销网络。

公司持续推动经销与分销网络建设，新增授牌 800 余家，并完成新疆喀什等 8 家高价值区域经销商增设，进一步提升了分销渠道的覆盖率。在保证经销商数量、充分发挥经销渠道优势的同时，公司着重于服务与管理并重，通过创建合理指标体系，开展销售政策体系创新，细化区域市场经营管理，有效地通过分销渠道，实现了质、量双控，持续挖掘终端客户潜力，促进业绩持续快速增长。

通过正泰品牌馆、电气工业超市等项目建设，正泰品牌在终端市场的影响力与美誉度得以不断扩大，有效提升了公司的整体品牌形象。

二、扩展规模,深挖潜力,进一步抢占行业客户市场

公司始终以市场为导向,以客户为中心,以行业大客户的合作为核心业务方向。公司在持续巩固提升华为、中钢集团、白云电器、牧原股份、葛洲坝集团、招商地产等既有战略客户业务合作基础上,重点发展新客户、新业务与新项目,并已实现新突破。2020年,公司行业市场拓展成绩可圈可点,已成功进驻碧桂园、新力地产等百强房企10家,入围中国建筑、中国中铁、中国铁建、中国交建、中国电建等大型央企成员企业战略供应商,新攻克山西电力、甘肃电力、内蒙电力3家省级电力公司,并与江苏其厚、莫朗电气、博时达集团等40余家标杆盘柜龙头企业达成深度合作,斩获北京大兴机场、蒙华铁路、浩吉铁路等国家重点工程项目订单。众多客户与项目的强势推进,助力公司行业与项目业务拓展取得良好的成绩。

行业客户的需求具备更高的定制与行业特性需求,对产品的设计、研发、生产,尤其是综合解决方案的集成设计能力提出了更高的要求。公司不断发展壮大行业市场解决方案团队,设立国内大客户业务拓展平台,强化全产业链协同拓展,突出系统解决方案的应用与推广,深化终端客户业务合作关系,为行业客户市场开拓奠定了良好的技术研发与客户服务支持。同时,公司业务团队通过行业峰会、行业展会、一对一进厂技术交流推广会等多种形式,对细分行业客户进行拓展,通过对战略客户的储备、潜力客户的挖掘,为公司未来行业客户市场规模的提升打下了坚实的基础。

随着公司工控自动化技术的进一步研发与智能制造水平的提升,公司工控自动化业务也取得长足发展,新华自动化智能监控平台已成功应用于供热行业,智能制造产线集成项目已在国内得到推广。

三、提速布局,全球战略,稳步开拓国际市场

全球本土化一直是公司海外发展的核心策略。公司提速海外子公司布局,完成迪拜、越南、印尼、哈萨克等多家海外子公司设立,以及意大利经销商渠道并购工作。通过自建与收购相结合的方式,实现海外本

土化的深入布局,更加向市场端前移,超过 20 家境外子公司有效地促进公司品牌及产品与当地客户的紧密联系。

同时,公司持续聚焦行业客户,通过定制化精准产品研发,向专业市场进行全面渗透,以自身的技术优势,与欧美多家世界 500 强企业建立全球战略合作关系。公司产品更是实现多个国家电网招标项目的稳定供货,为当地电力事业发展提供服务。

公司继续强化国际产能合作,加快提升海外区域工厂运营效率,继续巩固成套柜体在房建、电网配套等领域的优势地位,同时带动低压元器件产品销量。埃及合资工厂在当地影响力与知名度已得到快速提升,其产品已成功应用于新首都 CBD 建设、政府标志性商业建筑与住房建设、埃及公立医院、国家电力系统配套等重点核心项目,并成功出口周边国家,一举树立了高端品牌形象。

当前,公司海外市场已形成贸易与制造相结合的全球本土化为基础,电力全产业链为优势,行业战略合作为发展的多样化业务模式,在有效对抗经济增长复杂性局面的同时,稳步形成了中国品牌国际市场的竞争新优势。

四、完善体系,加大投入,研发创新助推产业效率

公司一贯坚持自主创新,大力推进应用技术支持整合,日臻完善技术研发体系,有序推进知识产权数字资产管理平台建设。2019 年,公司研发投入达到 9.8 亿元。截至 2019 年年底,授权有效专利 3124 件,专利申请 665 件,专利授权 412 件,商标申请 108 件,商标续展 57 件,软著登记 27 件。在研科技项目 406 项,着力对渠道及行业市场核心产品平台进行 4 大系列 16 个壳架的整合;进一步落实三大自主研发平台及零部件加工基地建设;主导及参与产业标准修订 31 项,其中国际标准 2 项、国家标准 10 项、行业标准 4 项、团体标准 7 项、地方标准 3 项、国家计量技术规范 5 项。"低压控制电器整机与关键零部件核心技术及产业化"获 2018 年度浙江省科技进步二等奖,"小型断路器精益化自动生产装备研发及应用"获评 2019 年中国机械工业科学技术二等奖,"基于精益自动化生产的电磁式剩余电流动作断路器关键技术及产业化"获评 2019 年中国电工技术学会科学技术三等奖,"NXA 系列万能

式断路器"获评 2019 年浙江机械工业科学技术二等奖。低压电器、仪器仪表与中国电力科学研究院及浙江、重庆等地的电力科学研究院,安徽、江苏等地的电力公司合作科研项目 9 项,对国网等重点市场 4 个项目集中力量进行研发支持。

第二十六章

威特龙消防安全集团股份公司

第一节　总体发展情况

一、企业概况

威特龙消防安全集团股份公司（以下简称"威特龙"）位于成都市高新技术开发区，是国家火炬计划重点高新技术企业和全军装备承制单位、中国工艺消防创领者、消防安全整体解决方案提供商。

威特龙坚持技术创新和差异化发展，拥有一个国家级和四个省级科研平台，先后承担了"大型石油储罐主动安全防护系统"研究、"天然气/页岩气场站安全防护系统"研究、"变电站消防安全一体化防护系统研究""风力发电机组消防安全研究""地下电缆隧道快速灭火研究""煤粉惰化安全防护研究""煤化工消防安全工艺包研究""白酒厂防火防爆技术研究""轨道交通多功能抢险灭火救援车研究""西藏文物古建筑灭火及装备研究""临界态二氧化碳灭火技术及应用研究""中国二重全球最大八万吨大型模锻压机消防研究""超高层建筑消防关键技术及应用研究""森林消防凝胶灭火专用装备研究"等十余项重大科研项目，解决了大型油罐主动防护、油气场站安全防护、煤粉仓惰化灭火、大型变电站快速灭火、电缆隧道快速灭火、文物古建筑灭火、公共交通客舱灭火、凝胶灭火等领域消防安全应急所需的系列技术难题，形成了大容量大空间长距离惰性气体灭火技术、油气安全主动防护技术、高压喷雾灭火技术和消防物联网平台等系列成套核心前沿技术及应用案例项目，获得国家专利 340 余项（其中发明专利 60 余项）、国家科技进步二等奖 1 项、省部级科技进步奖 8 项，参与制修订国家、行业和地方标准 33 部，推动了消防安全应急行业的技术进步。

20 年的风雨历程，凝聚了众多经验丰富、敢于拼搏的优秀团队。其中国务院津贴专家 2 人、教授级和高级工程师 15 人、一级建造师 13 人、一级注册消防工程师 20 人。先后 10 人次获得四川省劳模、成都市劳模、成都市工匠和高新工匠荣誉，传承并发扬了威特龙激情创造、追求卓越的企业文化。

公司拥有国家住建部颁发的"消防设施工程设计专项甲级"和"消防设施工程专业承包壹级"资质、消防气瓶检测资质、消防设施维保检测一级资质，消防安全评估二级资质，形成了油气安全、消防设备、消防装备、智能物联网、消防工程和消防服务等全国性全产业链的消防安全应急业务体系。威特龙致力于自有核心技术的市场转化和产业化推广，在石油石化、采气输气、电力电网、煤炭煤化等能源安全领域拥有雄厚的技术实力和领先的业绩案例，在钢铁冶金、水泥建材、数据通信、铁路港口、轨道交通、航空航天、文物古建、烟草医药、公共建筑、市政建设、酒店商业等 30 多个行业拥有丰富的业绩和专业能力，先后完成了 2000 万立方原油储罐主动安全防护系统、50 余个油气场站、50 余个变电站、100 余个火力发电厂、300 余个水泥厂、300 余个铁路车站和 3 条地铁线的项目设计、产品制造、安装调试和运行维护，已经成为全球主要的石油储罐主动安全防护系统供应商和全国最大的低压二氧化碳灭火系统集成供应商，持续为能源安全和消防安全应急产业发展创造最大价值。

二、财年收入

2017—2019 年威特龙财务指标见表 26-1。

表 26-1　2017—2019 年威特龙财务指标

财年	营业收入情况		净利润情况	
	营业收入（万元）	增长率（%）	净利润（万元）	增长率（%）
2017	30500.00	22.55	1650.00	65.02

续表

财年	营业收入情况		净利润情况	
	营业收入（万元）	增长率（%）	净利润（万元）	增长率（%）
2018	37200.00	21.97	1742.8	5.62
2019	31000.00	-16.67	1108	-36.42

资料来源：威特龙财务报表，2020年4月。

第二节 主营业务情况

公司主营业务为自动灭火系统、行业安全装备、消防电子及智能物联网、新型环保防火材料、消防工程总承包、消防检测维保技术服务六大板块，为不同行业客户提供全方位整体的消防安全解决方案，形成了"咨询评估-技术研发-生产销售-工程设计-工程施工-维护保养-运营服务"的消防全产业链业务体系。

第三节 企业发展战略

公司总体发展战略为"创领工艺消防；深耕能源安全；做强数据业务；共享发展平台"，其具体释义如下。

一、创领工艺消防

以工艺流程为基础，以物联网信息技术为桥架，以智能消防平台监管为抓手，对科研、生产、储运、运维等行业工艺全过程进行监测、预警、处置和控制，驱动主动防护本质安全技术在行业的广泛应用，切实践行"防为上、救次之、戒为下"消防安全理念，创新引领工艺消防发展。

二、深耕能源安全

以油气消防重点实验室为依托，以行业准入和业绩案例为基础，以主动防护本质安全核心技术为切入点，在油、气、煤、电四个能源行业重点突破。

公司在石油石化、天然气、煤炭煤化、电力电网等能源安全领域，以油气消防四川省重点实验室为依托，以众多的行业准入、海量运行数据及大量成功领先的项目业绩案例为基础，以大型石油储罐主动防护技术、天然气输气场站防护技术、页岩气场站防护技术、大容量大空间长距离惰性气体灭火技术、煤粉仓主动惰化技术、输配电站防护技术和消防物联网平台等核心专利技术及配套自主装备为切入点，深耕能源安全领域，引领能源安全核心技术研发，打造能源安全完整产品体系，满足、引导、创造能源行业消防安全需求，主导建立能源行业安全标准及安全体系，汇聚能源安全行业资源，牵头构建能源行业消防安全生态。

三、做强数据业务

加强安全产业全联接，赋能安全产业新升级。以物联网技术+威特龙产品和集成业务为支撑，以公司 VFS 物联网平台为载体，以整合智慧大数据为目标，广泛连接底层数据，加强工业互联网二级节点建设，分别构建企业级、园区级、区县级和地市级消防安全产业大数据平台。通过数据的接入、融合、挖掘与分析，创造及引领客户需求，实现数据资产增值变现。

四、共享发展平台

以公司行业积累和品牌影响为基础，发挥行业领导者地位优势，建设安全产业生态圈，汇聚行业优势资源，赋能消防产业链条，把公司建设成为共生、共赢、共享的价值平台。

合作伙伴，共享行业优势资源、共享增值服务空间、共享跨界融合价值。

客户，加强客户深度融合，精准掌握客户深层痛点，创新业务服务模式，持续为客户创造价值。

员工，以价值助力公司发展，与企业成长共赢共生。

股东，共享行业生态机遇，共促行业蓬勃发展，共享企业成长价值。

社会，为广大民众的生命财产安全提供更智能化、更完善的服务和支持，构建更安全、和谐的人类美好家园，让人类更安全。

第二十七章

江苏八达重工机械股份有限公司

第一节 总体发展情况

一、企业概况

江苏八达重工机械股份有限公司（以下简称"八达重工"）始建于1986年，是在天交所挂牌的科技研发型民营股份制公司，国家火炬计划重点高新技术企业、省创新型企业、省百家优秀科技成长型企业、省科技"小巨人"、省两化融合试点企业，是国内唯一研发、制造、销售双臂手大型救援机器人和"双动力"绿色环保特种工程机械的现代化企业。

公司位于江苏省新沂市经济开发区，注册资本5733万元，总资产1.63亿元，公司于2012年在天交所挂牌。公司始终致力于研制"双动力"全液压轮胎式抓斗（抓料）起重机、多功能机械臂、机械手和应急救援机器人产品，在同类产品中市场占有率80%～100%。

公司的科技创新能力雄厚，多次承担国家级、省级科研项目，公司拥有专利近50项，产业化实施率高达90%以上，在新沂市机械行业属龙头企业，经济效益和社会效益均良好。公司研发的双臂手轮履复合式救援工程机器人先后参加了雅安地震救援、深圳滑坡事故救援、2017年福州全国公路交通军地联合应急演练，受到了武警部队赞誉和嘉奖。

公司设立技术中心，该中心是由政府引导、企业投入为主的工程技术研究开发机构，是企业技术进步和技术创新的主要技术依托，在智能化抢险救援机械、节能环保工程机械技术领域具备相应的研究开发实力，并积极促进成果转化，拉动区域工程机械和相关产业的经济发展，形成地方产业集聚效应。中心具有相对独立的研发及工程化场所等基础设施、试验面积，有必要的检测、分析、测试手段和工艺设备，并能提供多种综合性技术服务，具备承担综合性技术开发任务的能力。中心建有江苏省院士工作站、江苏省认定技术中心、江苏省油电双动力工程技术研究中心、国家级博士后科研工作站、研究生科研工作站等科技研发平台。

二、生产经营情况

八达重工2018—2020年财年收入情况，见表27-1。

表27-1　八达重工2018—2020年财年收入情况

财年	营业收入情况		净利润情况	
	营业收入（亿元）	增长率（%）	净利润（亿元）	增长率（%）
2018	15832.61	8.19	1040.07	16.15
2019	17643.55	11.44	1325.83	27.48
2020	17924.48	1.59	1331.01	0.39

数据来源：赛迪智库整理，2021年4月。

第二节　主营业务情况

一、抢险救援机器人

BDJY38SLL型双臂手轮履复合智能型抢险救援机器人是国家"十二五"科技支撑计划项目重点攻关、研制的产品，在各种自然灾害和重大事故现场，机器人可以轮履复合切换行驶，快捷、及时地到达现场，可以油、电双动力切换驱动双臂、双手协调作业，可以在坍塌废墟实现剪切、破碎、切割、扩张、抓取等10项作业，并可以进行生命探测、图像传输、故障自诊等。实施快速救援，"进得去、稳得住、拿得起、分得开"，最大效率地抢救人民生命财产，已获得国家多项发明专利。

二、液压重载工业机器人

在传统的铸造过程中，搬运、清砂、打磨等重要作业基本采用人工操作方式，自动化程度低，工作环境恶劣，生产效益低，质量控制差，急需承载能力强、工作空间大、定位精度高、功能集成的自动化作业重载机械臂。然而，目前国内外各类机器人产品，突破吨级负载已显得尤其困难。面对铸造行业的液压机械臂，其承载能力大幅提升，但是仍然存在定位精度差、工作可靠性低、作业效率低等问题；面对精细、可靠、高效作业的挑战。开展液压重载机械臂关键技术的研究，研制满足铸造生产及市场需求的关键装备，具有极为重要的意义。

液压重载工业机器人关键装备的研制，可彻底改变铸造机械臂依赖进口产品的现状，有效提升铸造行业的自动化和智能化水平；该关键技术的突破，为未来我国液压重载工业机器人负载能力向十吨级、百吨级目标发展打下坚实基础，因此具有显著的经济效益和社会效益。

三、履带式抓料机

WYS系列"双动力"液压履带式抓料机是在挖掘机基础上开发的具有"双动力"驱动功能的货场装卸、堆垛和拆垛专用设备，采用了多项自主知识产权。该产品是移动式抓料设备，可以满足对各种类型废钢等散杂货物的装卸、堆垛、喂料等抓放作业，具有以下优越性：

① 机、电混合动力驱动，既可采用内燃机驱动作业，又可采用电动机驱动作业，机动灵活。采用电动机驱动，维护成本低、无污染、故障率低，电动机作业是内燃机作业成本的三分之一。

② 可根据作业要求，增加电磁吸盘作业功能。

③ 该设备采用全液压驱动，具有无级调速作业功能，作业平稳。可选配具有第三节臂伸缩功能的吊臂，即不影响整机的外形尺寸，在近距离范围内灵活作业，又可在远距离作业时发挥很好的性能。

④ 该系列抓料机除了可以配备废钢抓斗对废钢进行抓取作业外，还可方便地更换其他抓具，对各种原料进行抓放作业；去掉抓具后又可以作为一台普通吊车使用，一机多用。

⑤ 该设备具有变幅、回转等安全限位装置，作业安全可靠。

四、轮胎式抓料机

QLYS 系列"双动力"液压轮胎式折叠臂抓斗起重机是结合汽车起重机功能而改型生产的新式液压抓斗起重机。该机的作业和行使均在一个操纵室内完成，并可在前后两侧吊载 30%（主臂作业时）起重量行使、移动。

该抓斗堆垛起重机的移动、回转、卷扬、变幅及抓斗作业等全部采用液压驱动，作业平稳、并可无级调速；防爆电机和全封闭电器、电路在重点消防单位作业时安全防火；配装不同的液压抓具后可对各种煤、矿石、废钢、草、木、废纸等原料进行装卸、堆垛和喂料作业，是车站、港口码头、废钢处理中心、造纸、人造板、生物发电、木材处理行业实行原料装卸、储备机械化作业的最佳设备。

五、固定式抓料机

QLYD-G 系列电动液压固定式折叠臂抓斗起重机的回转、卷扬、变幅及抓斗开闭作业等全部采用电动液压驱动，先导控制。具有作业平稳、各动作可无级调速；同等作业效率下可比内燃机驱动节省 60%能耗；司机室安装冷暖两用空调、多向调节座椅，作业环境舒适；配装不同的液压抓斗后均有自重小、抓取力大，可对沙石、煤等散装原料进行抓取作业。

该固定式抓料机是港口、车站、码头等固定作业场所进行散货装卸的最佳设备。

六、液压轨道式抓斗卸车机

液压轨道式摆臂抓斗卸车机技术，是采用公司成熟产品 WYS50 卸车机的上车部分，下车部分采用了链斗门式卸车机的行走部分，行走电机部分为成熟技术液压电机驱动，实际上就是给轮胎式卸车机更换了行走底盘，该行走底盘适应于铁道线上的换装作业。其可靠性非常稳定，液压系统泵、阀、密封件等采用了国内外知名产品；操纵阀采用了原装国际知名品牌，为方便检查液压系统中的压力还设有液压检测点；高压油管连接可靠、布置合理、方便更换、严禁渗油；液压油管与电缆分别走线，对外露易碰撞管路部位加装了保护装置。

该设备在联合作业上有着良好的平稳性和安全性，70吨的煤、沙、石子卸车只需6～10分钟，余料只需简单清扫即可，卸其他物料时只需要更换抓具即可。以钢轨面为基点作业，最低作业高度为-1米，最大作业高度为8米，动力为电力拖动，采用4台电机拖动。一台用于主动力，两台用于行走，一台用于冷风散热。

七、双动力矿山、高原型液压挖掘机

该产品是集公司"双动力"技术、"徐工"主机产品、世界一流品牌的配套件，联合打造独一无二的专利产品，具有大幅节能减排、节约能源、保护环境、噪声小等优点。可用于大型矿山、露天煤矿、发电厂等场所。八达重工隆重推出油、电"双动力"S系列矿山挖掘机，既可用电、又可用油，石油资源正在逐渐减少，油价也在不断上升。电力驱动系统作业，节能60%以上，无排废，不污染环境，三年时间即可省下一台产品的投资。

采用该"双动力"专利技术具有如下优点：对比作业效率情况，用电作业综合成本只是用油的30%～40%；电动作业噪声小，无排废，不污染环境，尤其适应在高原氧气稀薄地区施工作业；电动作业可选用防爆电机、全封闭电器，安全防火；可在重点消防单位作业；可根据用户需求，配置作业计时器、计量器、多功能抓斗、跟踪变电、供电装置和司机室升降装置等功能配置，实现节能、环保和一机多用。

八、铁路救援起重机

针对40吨型铁路救援起重机，公司有三种机型供用户选择——QYJ40型、QYJ40A型和折叠臂型。此三种产品均适用于铁路及大型企业进行线路维护和装卸货物及救援工作，尤其适用于不打支腿铺设12.5米长灰枕和木枕轨排、相邻线装卸轨排等作业工况。

第三节　企业发展战略

近年来，公司围绕高端用户、国际市场、军方市场，抓质量、抓技术进步，打造精品，生产绿色、高附加值产品，实现了企业转型升级，取得了近几年来最好的成绩。今后，公司将坚持"绿色、智能"的研发与制造方向，尽快将具有完全自主知识产权的油电"双动力"新能源工程机械、大型系列化救援机器人产品实现高新技术产业化，为我国的节能环保事业以及应急救援事业做出重要贡献。

第二十八章

江苏国强镀锌实业有限公司

第一节 总体发展情况

一、企业概况

江苏国强镀锌实业有限公司（以下简称"江苏国强"）始建于1998年10月，总部位于江苏省溧阳经济开发区（上兴镇），公司毗邻宁杭高速公路，其高速公路上兴出口距离公司1公里，至南京禄口国际机场38公里。公司占地2000余亩，拥有员工5000余人。公司下属有公路安全设施材料制造、铁路声屏障制造、电力设施、通信设施、新能源等多个子公司，是集新能源配套、环保智慧物流、房产开发、生态旅游等业务为一体的多元化跨领域的大型企业集团。

近年来，公司大力推动企业向工业化、信息化、智能化转型升级，以制造加工为依托，延伸其他经济领域，形成保质增效、协同发展的一体化产业链。同时，公司建有国强工业设计中心研究院，研发团队与各产业发展协同共建、优势互补，不断提高公司可持续发展核心竞争力。公司先后获得"中国民营企业500强""中国交通百强""电子商务企业""百亿规模企业""重合同守信用企业""常州重大贡献企业""纳税百强企业""常州市五星企业""AAA级资信企业"，连续三年荣获"全球光伏20强中国光伏支架第一位""中国光伏分布式应用贡献大奖"等多项荣誉。

江苏国强始终秉承"兴业富民、精业强国"的企业使命，以"让钢材更具生命力"为愿景,坚持"传承、卓越"的核心价值观,积极创造和谐的内外部发展空间,努力实现经济效益和社会效益双赢的局面,热心公益事业,设立了"袁氏兄弟奖学金",参与实施了"春蕾计划""溧阳市公益募捐"等社会公益活动,在促进地方经济发展的进程中做出了应有贡献。

二、财年收入

2017—2019年江苏国强镀锌实业有限公司财务指标见表28-1。

表28-1 2017—2019年江苏国强镀锌实业有限公司财务指标

财年	营业收入情况		净利润情况	
	营业收入(亿元)	增长率(%)	净利润(万元)	增长率(%)
2017	98.07	75.06	2397.2	70.44
2018	112.93	15.15	6404.99	167.19
2019	120.9	7.07	17153	156.6

资料来源:赛迪智库整理,2020年2月。

第二节 主营业务情况

一、高速公路护栏必备镀锌管

镀锌管,又称镀锌钢管,分热镀锌和电镀锌两种。热镀锌层厚,具有镀层均匀、附着力强、使用寿命长等优点。电镀锌成本低,表面不是很光滑,其本身的耐腐蚀性比热镀锌管差很多。公司生产的镀锌管全称热镀锌焊接钢管,是由未采取防腐锈措施的焊接钢管、无缝钢管或其他金属钢管等黑管,进行一定工艺的热浸镀锌,使其外层涂合镀锌层,起到长期不锈蚀的钢管。现今一般黑管为电焊的焊接钢管。

镀锌管穿线的优点如下。

① 维修方便:过线能力强,换线容易。

② 强度高:耐踩踏、抗冲击,防止施工刺穿线管造成短路。

③ 防干扰：信号屏蔽，防止强弱电之间互相干扰。
④ 安全：接地，漏电时及时保护电器和人员安全。
⑤ 阻燃：线路发生短路时阻止燃烧。
⑥ 环保：可以回收再利用，避免二次污染。
⑦ 载流量高：同等线径条件下电流通过率高，电路使用寿命长。
⑧ 省电：导热快，线路工作环境温度低，线损小，省电。

二、高速公路安全材料

公司所生产的各种高速公路安全材料包括立柱、二波及三波护栏板、标志杆、标志牌、隔离栅，以及与之相配套的产品，均执行国家规定的质量标准，其高速公路护栏执行 JT/T 281—2007、JT/T 457—2007 和 GB/T 18226—2000 标准。

产品核心优势如下。

① 护栏板漆面采用纳米涂层技术，具有长期抗腐蚀氧化，漆面不龟裂等特性，使用寿命长。
② 护栏站桩、栏板材料采用顶级优质钢材，抗扭抗暴性能优异，在发生高速交通事故时能极大程度保障车辆不冲出护栏外。
③ 安装工艺简单，后期维护养护方便，成本低廉。

三、附着式升降组合爬架

爬架产品的模块化设计实现了各种复杂结构部位的标准化组配，易于维护和二次周转使用。架体可采用人工分层搭设，也可在地面搭设后整体吊装就位。实现首次整体吊装就位，后续楼层人工分层搭设，使建筑工程整体提升安全性、便捷性与高效作业，节省50%劳动力。

五大特点如下。

① 安全性。

全钢材料，没有火灾隐患；全封闭防务，没有高空坠物伤人风险。

采用遥控控制，当荷载值偏差达到标准值15%的时候，自动报警警示；达到30%时，自动停机。

提升或下降的过程中如意外因素导致架体突然坠落，防坠装置立即触发，安全保障架体。

② 质量好。

选用优质材料、加工工艺保障、加工流程全程监测；部件打印编码，可识别，全生命周期质量追踪。

③ 经济性。

加工过程中减少对钢材的使用；施工过程中省电省工；建筑层数越高，折算下来的综合单位面积使用成本越低。

④ 外形美。

架体外观整洁美观；颜色多样，可以是传统单色系，亦可多种颜色搭配使用；架体上可以展现企业 logo 或形象；根据客户需要，架体外部还可以打印广告画面。

⑤ 低碳环保。

产品更省电省工；施工时有明显的防尘降噪作用。

四、声屏障

公司可根据用户提供的材质、板厚、孔径、孔距、排列方式、冲孔区尺寸、四周留边尺寸进行定制化生产，并可进行金属板整平、卷筒、剪切、折弯、包边、氩焊成型。声屏障是广泛应用的隔音屏障的一种，通常安装在高速铁路、公路、城市地铁、城际轨道交通的两端，以降低车辆快速通过带来的噪声影响。声屏障是由钢结构立柱、吸音板两大部分构成，安装、拆卸、移动更加方便，满足现代社会对隔声降噪的需求，应用较为广泛。

产品核心优势如下。

① 绿色建材，无放射性，不含甲醛、重金属等有害物质，遇高温或明火不会产生有害气体和烟雾。

② 组合式设计，灵活自如，安装拆卸快捷方便。

③ 直平形声屏障，整体平直，而上部吸声板呈弧形，可更加有效地控制声音通过屏体上部的绕射，中间以连续的框架结构为主体。

④ 声屏障吸音板不仅吸声、隔声效果好，还具有优异的耐火、耐久性能，保证使用年限。

⑤ 可选择多种色彩和造型进行组合，景观效果理想，可根据用户要求设计成各种不同的型式与环境相和谐，与周围环境协调，形成亮丽风景线。

⑥ 与公司在钢材行业生产制造紧密联系，产生集约效应，产品价廉物美。

第三节 企业发展策略

在中国，公路护栏板市场竞争格局相对有序，前 10 大供应商占据超过 80%市场份额，其中江苏国强市场占有率在 40%以上，长期位居第一；光伏支架供货量位居国内第一；镀锌制品、消防管道、石油管道、压力管道、结构型材等供货量位居华东地区第一。

公司主编起草了 GB/T 31439 波形梁钢护栏和 GB/T 31447 预镀锌公路护栏标准，目前正主编起草建筑玻璃幕墙用冷弯型钢和冷热复合成型方矩形钢管团体标准。在企业内部建立了技术研发与技术标准相结合的管理机制。

公司从国外引进新的镀锌技术和生产线，不仅生产效率高，而且更加节能环保。2004 年引进日本最新纳米涂层技术，成为全国为数不多的纳米加工企业之一，并拥有两项纳米护栏产品专利。2006 年又与日本新日铁公司联合开发预镀锌技术。石油天然气工业用焊接钢管产品为江苏省高新技术产品，并被列入"国家火炬计划项目"。西格玛立柱产品获得江苏省高新技术产品认定，230 护栏板、固定式光伏支架、智能跟踪支架、集成式升降操作平台获得常州市高新技术产品认定。目前公司拥有专利 80 余项。

公司与常州大学合作建设常州市纳米防腐工程技术中心，拥有技术人员合计 41 人，其中博士及高级职称 10 人、硕士及中级职称 13 人、初级职称 18 人。公司通过该项目的实施，开发并推广应用新型轻量化的交通安全设施材料、新型纳米防腐技术及新型镀锌技术，解决交通安全设施材料耐腐蚀差和原材料消耗量大的问题。

2020 年，公司与武汉材料保护研究所、宝钢合作研发生产的"轻量化钢护拦材料"，取得明显的市场竞争优势，还与东南大学多次交流磋商并已达成合作意向，全力支持东南大学国家预应力工程技术研究中心转建国家技术创新中心，并邀请公司担任战略咨询顾问；在国家技术创新中心平台上建立校企联合研究中心开展先进施工技术和高端装备等方面的研发，设立公司技术力量培训中心，加快科研成果转化落地。

第二十九章

华洋通信科技股份有限公司

第一节　总体发展情况

华洋通信科技股份有限公司（以下简称"华洋通信"）创立于1994年8月，注册资金5100万元，起始为徐州中国矿大华洋通信设备厂，2015年6月完成股份制改制，成立华洋通信科技股份有限公司。华洋通信是一家集科研开发、设计、生产、煤矿智能矿山规划及咨询服务于一体的国家级高新技术企业、江苏省两化融合示范企业、江苏省物联网示范企业，具有电子智能化工程专业承包二级、ITSS信息技术服务运行维护三级资质，拥有"江苏省矿山物联网工程中心""江苏省煤矿安全生产综合监控工程技术研究中心"和"江苏省软件企业技术中心"，是江苏省重点企业研发机构。

华洋通信是国内煤矿自动化、信息化、智能化、物联网领航企业，已加入中国煤机装备智能化产业联盟、智慧矿山上海合作联盟等组织，联合中国煤炭工业协会、华为公司等，参与《新版煤矿总工程师手册第十一篇〈煤矿信息化技术〉》、国家标准《煤炭工业智能化矿井设计规范（GBT 51272—2018）》、行业标准《安全高效现代化矿井技术规范（MT/T 1167—2019）》以及《5G+煤矿智能化白皮书》《矿山物联网白皮书（2015）》等编制，提出了"智慧矿山感知层、传输层、应用层"的顶层架构，并作为主要编制单位，参与编写了《安全高效现代化矿井建设规范》，创下了"煤矿井下光纤工业电视系统""矿井应急救援通信保障系统""基于物联网的智慧矿山综合监控系统实施模式"等五个国内第一，KBA12S/KBA12S(A)矿用本安型图像处理摄像仪国内首家获安标认证，引领"智慧矿山"等技术发展。

华洋通信公司先后承担国家级、省部级科研项目 10 多项，主导产品"基于防爆工业以太网的煤矿综合自动化系统""煤矿融合通信与监控联动系统""矿用无线通信系统""矿用人员精确定位系统""煤矿 AI 智能视频识别控制系统""无人机、机器人盘煤系统"等物联网、自动化、信息化、智能化系统，已经在全国 400 多个大中型煤矿、电厂、焦化厂、煤化工、港口及企事业单位推广应用，质量、信誉获得好评。近 5 年来，参与完成 60 多项智能矿山示范工程建设，荣获省部级科技奖 30 余项、授权专利 70 余项、软件著作权 40 余项、软件产品 20 余项，获国家重点研发计划项目 2 项、国家重点 863 计划等项目 3 项、国家发改委重大技术开发专项 2 项、江苏省成果转化专项 2 项、国家及江苏省物联网示范工程建设专项各 1 项、江苏省战略性新型产业重大项目 1 项。

华洋通信在多个技术和产品实现"第一"，包括开发生产"基于防爆工业以太网的煤矿综合自动化系统""煤矿井下光纤工业电视系统"和矿用隔爆兼本安型万兆工业以太环网交换机等，提出并建立了"矿井应急救援通信保障系统"、符合防爆条件的"百兆/千兆井下高速网络平台"和"基于物联网的智慧矿山综合监控系统实施模式"等。

近五年，华洋通信完成 60 余项智能矿山示范工程建设，中煤华晋集团王家岭煤矿被煤炭工业协会授予"2016 年度两化融合示范煤矿"荣誉称号；"平煤股份八矿综合自动化工程"被评为河南省数字化矿山建设示范工程，"山西中煤华晋集团王家岭煤矿信息化工程"被煤炭工业协会评为"2016 两化融合示范煤矿"，"煤矿多网融合通信与救援广播系统"被国家安全生产监督管理总局列为"推广先进安全技术装备"，"高瓦斯煤层群安全智能开采关键技术及应用"2020 年被江苏省政府评为科技二等奖，"基于移动互联平台的煤矿生产智能管控关键技术研发与示范（皖科成（评价）字（2020）第 108 号）""山西中煤华晋集团综合信息化系统研究与实践（中煤科鉴字（2017）第 TJ30 号）""煤矿安全生产井下移动调度指挥平台的研究及应用（中煤科鉴字（2015）第 HS46 号）"等项目通过省部级科技成果鉴定。

华洋通信近三年营业收入如表 29-1 所示，2020 年受新冠肺炎疫情影响，营业收入和净利润有所下降。

表 29-1　华洋通信科技股份有限公司近三财年收入情况

财　年	营业收入情况		净利润情况	
	营业收入（亿元）	增长率（%）	净利润（万元）	增长率（%）
2018	1.7	23.9	3650.6	25.7
2019	1.8	7.2	3428.1	-6.1
2020	1.5	-14.6	3043.7	-11.2

数据来源：赛迪智库安全产业所，2021 年 4 月。

第二节　主营业务情况

一、安全产品和技术

华洋通信的主导产品包括"矿用无线通信系统""基于防爆工业以太网的煤矿综合自动化系统""煤矿 AI 智能视频识别控制系统""煤矿融合通信与监控联动系统""矿用人员精确定位系统""无人机、机器人盘煤系统""循环氨水余热回收制冷系统"等物联网、自动化、信息化、智能化系统集成工程，已经在全国 400 多个大中型煤矿、电厂、焦化厂、煤化工、港口及企事业单位广泛应用，质量、信誉获得广大用户的高度评价。

作为公司的代表产品，煤矿安全风险智能管控体系包含 5 个复杂的子系统。一是煤矿胶带运输智能控制子系统，大块煤检测识别率≥95%，煤流量检测误差≤8%，实现基于 AI 视频自动调速和安全预警；二是提升机高速首尾绳智能检测子系统，提升机首绳、尾绳各种外部状态分析、检测及预警；三是煤矿人员"三违"AI 智能视频识别子系统，抓拍照片、输出报警信号，并能控制皮带、猴车、斜巷绞车等设备停车；四是掘进工作面智能视频安全管理子系统，实现对掘进工作面转载处堆煤、转载机和可伸缩带式输送机跑偏、人员违规进入危险区域等风险监测预警与联动控制；五是钻场智能管理子系统，识别打钻轨迹；监控钻进压力。

华洋通信已完成包括"薄煤层开采关键技术与装备"课题"工作面'三机'协同控制技术"的科研任务、"基于程控调度的煤矿多网融合通信与救援广播系统"、国家发展改革委低碳技术创新及产业化示范工程项目"千万吨级高效综采关键技术创新及产业化示范工程"、煤矿灾变环境信息侦测和存储技术及装备项目"煤矿灾变环境信息侦测机器人"和"智慧矿山生产与安全系统关键技术研发及产业化"等重大项目。目前仍在进行的项目包括"'互联网+'煤矿安全监管监察关键技术研发与示范"之"公共安全风险防控与应急技术装备"等。通过不断引进、消化、吸收国内外先进技术和理念，结合物联网等信息技术的研究，华洋通信研制了一系列新设备和系统，为公共安全风险防控、智能矿山建设提供了良好的探索和支撑。

二、关键技术研发方向

目前，华洋通信已完成多项关键技术开发，如智能煤矿安全生产综合监控系统关键技术研究及设备开发，首次提出了使用千兆/万兆工业以太环网+CAN现场总线形式构建基于防爆工业以太网的煤矿综合信息传输网络平台模式，在国内首次提出、开发并建立了符合防爆条件的井下高速网络平台，实现煤矿各种自动化及监测监控子系统的接入和信息共享；智能煤矿安全监控系统及接入技术的研究与关键装置的研发，实现了矿井安全生产综合监控与联动控制；智能煤矿综合监控信息集成软件系统开发，采用分布式设计，以安全生产、自动化等信息系统为其子系统，将实时数据流和管理信息流等各子系统集成起来，形成统一的信息平台，实现了已有各子系统的无缝集成和安全生产实时数据 Web 浏览。

在国家"两化融合"政策的指引下，华洋通信积极引进、消化、吸收国内外先进技术和理念，进行自动控制技术、信息传输和处理技术、宽带无线传感技术、故障诊断技术及物联网等技术的研究，正在深化研究的主要关键技术如下。

（一）基于物联网的智能煤矿综合监控系统模式

融合宽带无线技术和传感器技术，围绕煤矿安全生产的监测、预警和应急处置等需求，基于煤矿光纤冗余无线工业以太环网骨干网络，构建适应矿井安全监测实时、可靠的新一代有线/无线混合结构的物联网传输系统。

（二）煤矿无线传感网络系统关键技术研究及其设备研发

把无线传感器网络的研究拓展到地下，开发研制矿井无线网络基站和与工业以太网连接路由器等煤矿井下无线网络系统关键技术及其设备。

（三）煤矿危险区域目标行为检测与跟踪

以计算机视觉人工智能、模式识别等相关技术为基础，进行矿井危险区域目标行为检测与跟踪，将矿井视频监控从事后取证改为基于事前预防和实时事件驱动的监控方式，实现煤矿综合自动化系统基于视频的报警联动。

（四）煤矿生产自动化装备故障诊断技术研究与开发

结合物联网技术，自主研发煤矿生产自动化子系统装备及大型机电设备故障诊断系统，实现远程控制和网络化远程故障诊断，有效减轻系统维护量，提高系统可靠性，提高产品的综合性能和整体竞争力，填补国内空白。

（五）智能煤矿监测预警信息系统平台开发

结合物联网，基于矿井环境数据自动采集系统建立数据仓库，以管理专家的经验知识为基础，结合国家安全生产管理法规，建立煤矿安全专家知识库，研究事故诱发的内在机理，实现矿井安全智能化诊断，最终建立智能煤矿监测预警应急信息系统平台。

第三节　企业发展战略

一、坚持发展定位

华洋通信积极致力于物联网、自动化、信息化、智能化产品研发、推广和服务，以一流的技术、一流的产品、一流的管理回报社会，通过创新产业联盟等渠道，建立智能矿山建设生态圈，推动行业技术进步，坚持发展定位。一是矿山物联网、自动化、信息化、智能化技术标准的制定者，引导行业在物联网、自动化、信息化、智能化方面的技术进步；二是矿山物联网、自动化、信息化、智能化煤安产品提供商，通过自主研发和与美国、加拿大、德国等国的国际一流企业签署战略合作协议，共同开拓煤炭市场；三是智慧矿山综合自动化建设示范工程集成商，积极推动智慧矿山进程；四是企业信息化服务的提供商，与客户建立长期合作的战略联盟。

二、坚持需求导向，加强技术研发

华洋通信针对目前煤矿井下复杂环境监控系统图像分辨率低、无法对各种异常状态预警、事故突发时响应速度慢、缺少智能化分析和控制联动等突出问题，自主研制开发"矿山人—机—环全域视觉感知与预警系统"，实现对人员、机器、环境等监控视频智能分析，精准识别各种安全隐患和事故风险，实时感知煤矿全局安全态势，预警处理响应时间小于10ms，实现与煤矿通信联络系统、生产自动化系统、安全监控系统的联动与协同，从而提高煤矿安全管理水平和效率，填补我国智能矿山在安全监控、风险监测预警等领域智能图像分析与应用的空白，对探索煤矿无人化开采，提高我国煤矿安全技术水平具有重大意义。

三、坚持品牌建设，积极开拓市场

华洋通信坚持高端产品原则，以高性能监控技术应用为主要目标，坚持优质平价的原则，促进新技术、新装备的普及推广。积极开拓市场，建立示范工程点，以点带面，提高市场占有率，并向其他矿山行业扩展。

在主要煤炭基地设办事处及服务机构，与行业相关企业联合形成战略联盟，共同开拓市场。完善代理商渠道与经销商管理机制。逐步建立销售、售后服务和市场管理三位一体的市场保障体系。加强品牌建设，通过完善体制、机制，加大研发投入等手段，优化产品性能，依托行业协会、行业创新联盟、中国矿业大学、宣传媒体等，增强用户体验，扩大产品宣传，注重和加强品牌建设。

四、坚持成果转化，拓展产业链条

华洋通信以"产、学、研、用"相结合的发展模式建立"矿山人—机—环全域视觉感知与预警系统"示范工程，未来几年将引入风险投资，与国内著名公司如华为公司、中国联通等强强联合，创造一流产品，开拓更大市场。销售额每年以10%～30%递增，争取3年内上市，成为国内矿山物联网技术和产品的领军企业。通过调整发展新思路，不断延伸产品、技术、服务、业务，从煤炭行业向非煤行业拓展，紧跟国家"互联网+"等战略的实施，对产品不断进行升级换代，向智能控制方向发展，并将物联网、信息化、智能控制技术应用从煤炭开采逐步拓展到储装运、煤炭深加工、煤化工、燃煤发电等煤炭产业链上下游领域，不断提升公司综合竞争力。

第三十章

北京韬盛科技发展有限公司

第一节 总体发展情况

一、企业概况

北京韬盛科技发展有限公司（以下简称"韬盛科技"）成立于2007年，是一家从事建筑施工安全防护产品研发、生产、销售、租赁和技术服务的专业化公司。韬盛科技成立至今，始终专注于高层和超高层建筑模架装备技术的研究与应用，陆续开发了附着式升降脚手架（爬架）、智能全集成升降防护平台、集成式电动爬升模板系统、装配式建筑自动顶升防护平台、大吨位智能顶升造楼车间系统、智慧自动提升转料平台、带缓冲水平安全挑网系统、蟹爪型插扣式支承架系统、铝合金模板系统等产品系列。

位于河北邱县的韬盛科技腾翼生产基地，占地20万平方米，基地拥有数控冲床、数控锯床、激光切割、焊接机器人、摇臂钻等生产及辅助设备800套，以及4条喷塑流水线，年产各类智能集成爬架钢结构制品20万吨，此外，还拥有配套电控系统12万套、提升系统20万套。

韬盛科技拥有400余位经验丰富、技术过硬的精英人才组成的专业团队，不仅拥有专注技术及产品创新的研发部门，还有全流程服务团队，涵盖方案设计、工程服务、安全服务、维修保养等诸多环节，为客户的建造安全保驾护航。目前，韬盛科技业务已遍及全国100个城市，产品远销迪拜、埃及、马来西亚、斯里兰卡等海外市场，有超9000栋高层建筑应用施工经验,是一家行业领先的现代化建造安全企业。

公司重视基础科研,13年来,累计投入研发费用超1亿元人民币;通过多年不懈努力和不断创新,韬盛科技已获得51项国家专利;公司参与国家标准及行业标准制定,相关企业技术标准已编入:国家标准《租赁模板脚手架维修保养技术规范》(GB50829-2013)、行业标准《建筑施工工具式脚手架安全技术规范》(JGJ202-2010)、行业标准《建筑施工用附着式升降作业安全防护平台》(JG/T546-2019)、协会标准《独立支撑应用技术规程》(CFSA/T04:2016)、协会标准《附着式升降脚手架及同步控制系统应用技术规程》。韬盛科技专注爬架行业技术创新,目前已成为中国模板脚手架协会爬架专业委员会、中国安全产业协会建筑行业分会、中国基建物资租赁承包协会、中国建筑学会建筑施工分会等多家行业机构理事单位。获得"十一五"科技中国自主创新企业、中国最佳技术创新企业、北京市专利试点单位、国家级高新技术企业、中关村高新技术企业、北京市企业技术中心等国家认可的60多项荣誉称号。为兑现"让客户省心、放心、安心"的"三心"承诺,韬盛科技切实践行爬架设备租赁"一对一"现场安装指导的服务模式,开创爬架安全施工"六必保"及爬架安全"六维工作法";编制《爬架现场施工工程标准化手册》,并出版了《智能集成附着式升降脚手架安全施工操作手册》。

公司与客户、供应商、同行业不断分享、分享、再分享,分享爬架现场施工经验,分享爬架经营管理经验,分享爬架产品优势,分享质量好成本低的产品,全方位开展爬架施工经营交流及培训工作,不断为实现"成为全球领先的建造安全服务商"的愿景努力奋斗。多年来,公司全员坚持"让建造更安全"的企业使命,以"简单、高效、可控"的工作原则与客户协同日常事务;强大的凝聚力、执行力和战斗力让公司内外部认可了"相信、服务、共享、责任"的核心价值观。

二、财年收入

韬盛科技近三年财政情况见表30-1。

表 30-1 韬盛科技近三年财政情况

财 年	营业收入情况		净利润情况	
	营业收入（亿元）	增长率（%）	净利润（万元）	增长率（%）
2018	3	63	2000	30
2019	6	100	5000	150
2020	10	67	7000	40

数据来源：赛迪智库安全产业所，2021 年 3 月。

第二节 主营业务情况

韬盛科技以智能全集成升降防护平台（全钢爬架）的销售和租赁业务为主，现有河北腾翼及湖北宜昌两大生产基地。其中，腾翼生产基地总占地 300 亩，拥有高标准工业厂房 11 万平米，综合产能 1,000 栋/月，基地内还建有业内大型智慧安全建造展厅；湖北宜昌生产基地共占地 100 余亩，拥有高标准生产车间 23,000 余平米，仓储面积可达到 16,000 平方米。公司在石家庄、西安、武汉、郑州、青岛、长沙、昆明、成都、合肥等地设立办事处，同时，在全国重点城市布局维保中心，以保障全国所有区域方圆 300 公里内，均有维保基地可供选择。

韬盛科技拥有模板脚手架租赁企业特级资质、附着式升降脚手架专业承包一级资质、全国建筑机械跨省级租赁资质；获得国家认可的 ISO9001 质量管理体系认证、OHSAS18001 职业健康安全管理体系认证、质量服务信誉 AAA 企业多项认证。目前公司产品和相关服务已在超过 9000 项工程上成功应用，并与中国建筑、中国铁建、中国电建、中国新兴建筑、北京住总集团、北京城建集团、中天集团、中核集团、中国水电、广西建工、中国广厦、中达建设、中国交建、中国能建、中城建等国内外各大建筑公司建立了长期合作关系。

目前，韬盛科技在全国诸多城市均有成功项目案例，协助总包单位完成多个城市地标性楼宇建设，如北京中信大厦、天津 117 大厦、北京国贸 3 期 B 阶段、广州东塔、杭州高德置地项目等。此外，公司相关产品及服务远销至迪拜、埃及、斯里兰卡、马来西亚等海外国家和地区，

第三十章　北京韬盛科技发展有限公司

为全球多个项目提供了更加安全的建造防护保障。自公司成立至今的14年时间里，韬盛智能全集成升降防护平台（全钢爬架）实现了零事故的安全防护记录，得到了各相关单位的一致认可。

第三节　企业发展战略

一、市场发展战略

韬盛科技重视市场有序发展，始终将市场安全教育作为发展市场的第一要务。为此，公司特于2008年成立韬盛学院，面向全行业开展爬架项目经理技能培训，每月一期，免费培训专业爬架人才，从而助力全行业实现安全有序发展。

在进行安全教育的基础上，韬盛科技不断开拓各级市场，通过摸索多种类型服务模式，建立客户口碑传导机制，从而实现有效的客户人群触达，覆盖更加广泛的市场区域。

二、技术发展战略

韬盛科技重视技术及基础科研发展。2020年，公司成立创新中心实验室，通过基础数据研究，改进现有模架、模板产品的同时，也进行新产品研发。截至目前，已获得51项行业相关专利。

韬盛创新中心坚持技术数据研究。通过对架体高度、荷载及系数取值、有限元等几个方面的计算研究，结合实际工程调研，目前已完成多个优化设计研究，以保证产品设计的安全性和经济性。

韬盛科技不断探索创新型发展模式，致力于打造"产品+服务"协同发展模式下的行业赋能平台。通过整合科研技术、生产制造、方案设计、物流运输、工程服务、维护保养等各产业环节，努力向高质量、高水平的发展模式过渡，通过多方协同发展为建造安全提供更加可靠的保障。

三、产品发展战略

韬盛科技坚持质量为先的产品发展战略，优化产品使用体验，提高项目施工效率。

公司产品发展坚持"用户为上"的准则,通过收集施工工人对相关产品的使用感受,不断改进产品部件及结构。目前,公司全钢爬架产品通用率已达到95%以上。

未来,公司将从产品规划、方案设计等方面,进一步改进产品细节,加强安全防线,节约人工及工程成本,提高项目建设效率。

同时,韬盛创新中心将通过现有技术积淀,借助相关产品试验,结合9000栋楼的施工经验,继续改进现有模架产品,同时着力为建筑行业开发新型安全建造相关产品。

四、服务发展战略

韬盛科技打造"客无忧"服务模式,成立专门的客户服务中心,一对一协助客户完成项目运营,前置化客户需求。目前,客服中心已协助百余家客户解决相关问题。公司也将继续提升服务水平,打造一站式闭环服务链条。

五、人才发展战略

韬盛科技已拥有400余位各类专业人才,为客户提供各类安全高效的专业服务。公司重视新员工入职培养,从专业技能、办公软件应用、法律法规等方面为员工定期举行免费培训。

此外,公司实行扁平化管理,提高员工沟通效率,不断挖掘员工潜能,实现员工与公司共同进步,同步发展。

政 策 篇

第三十一章

2020年中国安全应急产业政策环境分析

2020年是"十三五"规划的最后一年、"十四五"规划的先行年,同时,突如其来的新冠肺炎疫情席卷全球,以应急物资为代表的安全应急产品瞬间市场需求猛增,各地纷纷出台了保障政策和措施,为营造良好的安全应急产业发展环境注入了新活力。

第一节 统筹发展和安全要求加快安全应急产业发展

党的十九届五中全会审议通过的《中共中央关于制定国民经济和社会发展第十四个五年规划和二〇三五年远景目标的建议》,就统筹发展和安全做了详细部署。在全面建设社会主义现代化国家新征程上统筹发展和安全,既要求通过发展提升国家安全实力,又要求深入推进国家安全思路、体制、手段创新,营造有利于经济社会发展的安全环境,在发展中更多考虑安全因素,努力形成在发展中保安全、在安全中促发展的格局,实现更高质量、更有效率、更加公平、更可持续、更为安全的发展。发展是解决我国一切问题的基础和关键。在新时代的伟大征程上,破解突出矛盾和问题,防范化解各类风险隐患,归根到底要靠发展。只有推动安全应急产业持续健康发展,才能筑牢国家繁荣富强、人民幸福安康、社会和谐稳定的坚强保障。我们必须坚定不移把发展安全应急产业作为未来工作的重点,坚定不移贯彻新发展理念,以推动高质量发展为主题,以深化供给侧结构性改革为主线,以改革创新为根本动力,不断增强对社会发展和人民生命安全提供坚强后盾,为实现更高水平更高层次的发展提供更为牢固的基础和条件。

2020年，全国安全形势总体平稳，全国生产安全事故起数、死亡人数为3.8万余起、2.74万余人，与上年同期相比分别下降15.5%和8.3%。因灾死亡失踪人数和倒塌房屋数量较近5年均值分别下降52.7%和47.0%。当前，我国安全生产和防灾救灾的基础仍然薄弱，形势复杂严峻。2021年把防范化解重大风险已经摆在突出位置，必须下大力气破解难题，切实提高防范化解重大风险的能力水平。在重点领域需强化安全管理，如强化硝化等高危工艺、硝酸铵等特别管控危化品、LNG、油气储存设施、精细化工等风险管控，加强对各类煤矿及上级企业、煤矿全系统各环节进行全覆盖排查，持续打通消防生命通道工程，非煤矿山、工贸、道路交通、建筑施工等重点行业领域也需及时组织部署针对性的督导检查。要把本地区、本领域最大风险排出来，把防范控制的底线划出来，把有力管用的措施拎出来，坚决有效防范重特大事故。为提前谋划，必须要强化安全应急产业的统筹规划和政策支持。

第二节　宏观层面：国家加强对安全应急产业重视

"十四五"时期经济社会发展要求：经济发展取得新成效，经济结构更加优化，创新能力显著提升，产业基础高级化、产业链现代化水平明显提高，防范化解重大风险体制机制不断健全，突发公共事件应急能力显著增强，自然灾害防御水平明显提升，发展安全保障更加有力。安全应急产业是以满足保障人民生命财产安全、防范化解重大风险挑战、应对处置各类突发事件等安全发展重大需求为基础的产业，其发展程度不但决定了当前企业生产安全水平、社会应对灾难风险能力，也决定了今后公共安全体制和国家安全体系的建设程度，对于保障国家安全、维护社会稳定和促进经济发展具有重大战略意义。没有一个基础雄厚的安全应急产业体系支撑，就没有安全可靠的产业基础、平安和谐的社会环境，更没有人民群众的幸福和安宁。

为加强对安全产业、应急产业发展的归口、统筹指导，工业和信息化部于2020年1月，研究决定将安全产业和应急产业整合为安全应急产业，并在《工业和信息化部关于进一步加强工业行业安全生产管理的指导意见》（工信部安全〔2020〕83号）中，进一步明确了安全应急产业发展和创建国家安全应急产业示范基地的重点任务。

在工信部编制的《国家安全应急产业示范基地管理办法（试行）》中，首次明确了安全应急产业的概念，即为自然灾害、事故灾难、公共卫生事件、社会安全事件等各类突发事件提供安全防范与应急准备、监测与预警、处置与救援等专用产品和服务的产业。同时，该管理办法也为引导企业集聚发展安全应急产业，优化安全应急产品生产能力区域布局，支撑应急物资保障体系建设。

工信部会同国家发改委、科技部发布实施了《安全应急装备应用试点示范工程管理办法（试行）》（工信厅联安全〔2020〕59号）。围绕自然灾害、事故灾难、公共卫生、社会安全四大类突发事件预防与应急处置需求，探索"产品+服务+保险""产品+服务+融资租赁"等应用新模式，努力构建生产企业、用户、金融保险机构等各类市场主体多方共赢的新型市场生态体系，加快先进、适用、可靠的安全应急装备工程化应用，提升社会各领域本质安全水平和应急处置能力。同时，三部委还联合应急管理部共同制定《先进安全应急装备应用试点示范工程实施要素指南（2020—2021）》（工信厅联安全函〔2021〕11号），围绕矿山安全、危化品安全、自然灾害防治、安全应急教育服务四个方向，面向成熟的技术装备与服务，开展年度试点示范工程。安全应急装备的试点示范工作，是面向供给侧和需求侧企业的联合体申报，有利于从供需两侧推进安全应急装备的推广示范，有利于引导社会各方面资源共同推动安全应急装备发展。

第三节　微观层面：建立应急物资保障体系

新冠肺炎疫情发生后，在党中央的坚强领导下，全国上下坚定信心、同舟共济、科学防治、精准施策，打响疫情防控阻击战。习近平总书记指示要求完善重大疫情防控体制机制，健全国家公共卫生应急管理体系，提高应对突发重大公共卫生事件的能力水平。习近平总书记强调，打疫情防控阻击战，实际上也是打后勤保障战。

疫情期间，一系列政策性金融措施普惠于应急物资生产企业，企业贷款难、融资难的局面逐渐被打破。如国家对重要防护产品及原材料生产企业、收储企业实行疫情防控重点保障企业名单管理,对这些企业施行专项贷款、信贷支持、贴息支持、减税减费等政策,保障产品的供给。此外,国务院常务会议公布就政府兜底采购收储的产品目录,包括防护服、口罩、护目镜、隔离衣等,强化了政府收储力度,为产品销售提供了保障。

建立了四大体系。一是统一的指挥调度体系。在中央统一领导下,成立了由工信部牵头、国家发展改革委等十几个部门参加的医疗物资保障组,每日按照全流程管理,对各类物资进行统一调度指挥。二是精准的需求对接体系。与中央指导组及国家卫健委等每日对接汇总各地区各部门需求,特别是对湖北地区保障,按照"三天一滚动"的计划,精准安排生产保供工作。三是全产业链生产保障体系。会同有关部门推出了一系列财税金融措施,协调药监部门加快生产资质审批,支持企业转产扩能。强化上下游产业链保障,针对医用防护服等重点物资生产企业派出驻厂特派员,帮助解决生产设备、原材料、运输等问题。四是灵活高效的收储调拨体系。组织国药集团等收储企业对企业生产物资进行了临时收储,搭建了国家重点医疗物资保障调度平台,疫情防控最吃劲的时候,平均每3小时调度一次医用防护服的生产和发货情况,统筹兼顾,确保重点,优先保障武汉地区的需求,同时兼顾其他地区疫情防控的需要。

及时总结疫情防控中的有效做法和经验,固化形成相应的机制和制度。具体包括:

(1)实行国家集中统一调拨制度。由工信部牵头物资保障小组,统一管理、统一调拨,迅速建立起了应急物资保供体系。

(2)建立驻企特派员制度,压实地方主体责任。向重点企业派驻特派员工作组,压实地方主体责任,协调解决原材料供给、跨省运输、关键装备调拨等瓶颈问题,帮助企业复工达产,快速增加有效供给。

(3)及时制定出台资金支持政策,全力推动央企民企扩产转产。

(4)强化全产业链调度,保障设备原材料供应。优化原材料、辅料等协同供给,保障企业扩产转产关键设备的供应。

(5)引导企业优化工艺流程,缩短生产周期。生产方式大幅优化,产品生产周期缩短。

（6）突破生产资质管理和国内外产品标准差异制约。出台临时政策，实施紧急状态下的临时标准，并与国外标准做好对接转换。

（7）通过国外采购有效弥补国内产能阶段性缺口。

（8）建立疫情防控物资周转收储制度。印发《关于发挥政府储备作用支持应对疫情紧缺物资增产增供的通知》，提高企业复工和投产扩产的积极性。

（9）及时出台资金支持政策。优化银行信贷、财政贴息等方式，加大对物资生产保障企业的资金支持力度。

（10）搭建重点医疗物资保障调度平台。收集、统计、分析、调度重点物资产能、产量及库存信息，为物资保障提供信息支撑。

第三十二章 2020年中国安全应急产业重点政策解析

第一节 《安全生产法（修正草案）》

《安全生产法》是安全生产领域的基本法，于 2002 年 11 月公布施行，并与《国务院关于进一步加强安全生产工作的决定》（国发〔2004〕2 号）一起，成为我国安全生产工作走上法制化轨道的标志。《安全生产法》分别于 2009 年和 2014 年进行过两次修正，2020 年 11 月 25 日，国务院总理李克强主持召开国务院常务会议，通过《中华人民共和国安全生产法（修正草案）》。2021 年 1 月 20 日，《安全生产法（修正草案）》（以下简称"修正草案"）提请十三届全国人大常委会第二十五次会议初次审议。《安全生产法》不仅对我国安全生产法律体系的建立具有里程碑式的意义，更为预防和减少生产安全事故，保障人民群众生命财产安全发挥了重要作用。

一、政策要点

（一）修正草案推行建立安全生产责任保险制度

2014 年公布的《安全生产法》包含总则、生产经营单位的安全生产保障、从业人员的安全生产权利义务、安全生产的监督管理、生产安全事故的应急救援与调查处理、法律责任、附则共七章、一百一十四条法律条款。2020 年修正草案在 2014 年《安全生产法》的基础上，对第三条、第八条、第二十二条等共 28 条内容进行了修正，并在第六章法律责任中增加了对安全生产责任保险违法的处罚条款，即第一百零四条，"矿山、危险化学品、烟花爆竹、建筑施工、民用爆炸物品、金属冶炼等高危行业领域的生产经营单位未按照国家规定投保安全生产责任保险的，责令限期改正，并处五万元以上十万元以下的罚款；逾期未改正的，处十万元以上二十万元以下的罚款，并责令停产停业整顿直至其投保安全生产责任保险。"安全生产责任保险制度的具体办法在第四十八条规定"由国务院应急管理部门会同国务院财政部门和国务院银行保险监督管理机构制定。"

（二）修正草案进一步明确了安全生产监督机构

修正草案顺应我国安全生产监管机构改革的步伐，对全国安全生产工作综合监督管理部门进行了及时调整，对原《安全生产法》中安全生产监督管理部门进行修正。修正草案第九条规定，"国务院应急管理部门依照本法，对全国安全生产工作实施综合监督管理；县级以上地方各级人民政府应急管理部门依照本法，对本行政区域内安全生产工作实施综合监督管理。"第八条还增加了开发区、工业园区、港区等功能区应当明确负责安全生产监督管理的机构，配备专职安全生产执法人员，按照职责对本行政区域内生产经营单位相关情况进行监督检查。对于安全生产强制性标准，修正草案也明确由国务院应急管理部门统筹提出立项计划，有关部门按照职责组织起草、审查、实施和监督执行。这是自2018年机构改革应急管理部设立后对不符合现状法律条款的及时修正，也是在法律层面对国家标准制定的规范。

（三）修正草案强调应急管理信息系统的建立和使用

修正草案在多个条款中增加了建立并使用应急管理信息系统的内容，如第三十八条规定，"县级以上地方各级人民政府负有安全生产监督管理职责的部门应当将重大事故隐患纳入全国统一的应急管理信息系统，建立健全重大事故隐患治理督办制度，督促生产经营单位消除重大事故隐患。"在生产安全事故的应急救援与调查处理方面，第七十六条规定，"应急管理部门根据实际情况建立全国统一的应急管理救援信息系统，对具备条件的有关部门、行业、地区逐步推行网上安全信息采集、安全监管和监测预警。国务院有关部门和地方人民政府建立健全相关行业、领域、地区的应急管理信息系统。"同时要求全国应急管理信息系统应当达到互联互通、资源共享的标准。对于国务院有关部门和地方人民政府及其有关部门建立的应急管理信息系统，仅作为推行网上安全信息采集、安全监管和预测预警功能，不替代生产经营单位承担安全生产主体责任，也不作为追究安全生产执法责任的依据。

二、政策解析

（一）修正草案突出了以人民为中心的安全发展理念

安全生产关系人民群众生命财产安全，关系经济社会高质量发展，责任重于泰山。党的十八大以来，以习近平同志为核心的党中央高度重视安全生产工作，把安全生产作为民生大事。2015年8月，习近平总书记就切实做好安全生产做出重要指示，指出"确保安全生产、维护社会安定、保障人民群众安居乐业是各级党委和政府必须承担好的重要责任。"2020年4月，习近平对安全生产做出重要指示，要求"牢牢守住安全生产底线，切实维护人民群众生命财产安全。"修正草案中强化了新时代安全发展理念，基于坚持以人民为中心的发展思想提出"安全生产工作应当以人为本，坚持以人民为中心，坚持安全发展树立安全发展理念，坚持安全第一、预防为主、综合治理的方针"，并要求"建立生产经营单位负责、职工参与、政府监管、行业自律和社会监督的机制，防范各类事故，坚决遏制重特大生产安全事故。"在第五十三条中要求"生产经营单位发生生产安全事故后，应当及时采取措施救治有关人员。"这体现了安全生产是人命关天的大事，以人民为中心的新发展理念必须坚持安全发展原则，将安全发展原则贯穿于新发展阶段的全过程，坚守底线，不碰红线，努力打造安全稳定有序的新发展格局，推动经济高质量发展和民生改善。

（二）生产经营单位的主体责任被进一步强化

生产经营单位是安全生产的责任主体，其保证安全投入、主动采取预防措施、进行科学的风险防控和隐患排查、制定合理有效的应急预案对于保障安全生产具有不可替代的作用。在进一步强化和落实生产经营单位的主体责任方面，2020年修正草案进一步强化了事故预防措施，规定生产经营单位应当建立安全风险分级管控机制，按安全风险分级采取响应管控措施，重大事故隐患排查治理情况应当及时向有关部门报告，增加了加大对从业人员的人文关怀和保护力度规定，并提出发挥市场机制的推动作用，属于国家规定的高危行业、领域的生产经营单位应当投保安全生产责任保险。同时，草案对生产经营单位及其负责人安全生产违法行为普遍提高了罚款数额，对违法失信行为加大联合惩戒和公开力度。生产经营单位若违反安全生产规定片面追求经济利益，将面临更高的违法成本和更广范围的惩戒。对于应急预案制定的范围，修正草案将原《安全生产法》中"生产经营单位"的范围进行了明确，规定"易燃易爆物品、危险化学品等危险物品的生产、经营、储存、运输单位和矿山、金属冶炼、城市轨道交通运营、建筑施工单位，生产经营单位以及学校、医院、大型商场等容易发生群死群伤的人员密集场所管理单位"应当制定本单位生产安全事故应急救援预案，并定期组织演练。这在一方面扩大了原生产经营单位的范围，另一方面也强调通过与所在地县级以上地方人民政府预案相衔接，并通过演练提高预案的可操作性和有效性。

（三）《安全生产法》的修正将为我国安全生产形势进一步好转提供有力保障

《安全生产法》是我国安全生产法律体系的核心。《安全生产法》的出台和修正，是依法治国方略在安全生产领域的具体体现，对于推进安全生产依法治理、提高我国安全生产水平发挥了不可替代的作用。围绕《安全生产法》这个核心，我国安全生产法律逐步趋于健全，先后颁布了《矿山安全法》《消防法》《道路交通安全法》《突发事件应对法》《安全生产许可证条例》等一系列用于规范相关行业领域安全生产的法律条例，作为对《安全生产法》的有益补充，对促进安全生产法制建设起到积极作用。而随着我国经济社会的发展，安全生产领域出现了新的风险和挑战，安全生产的形势依然严峻，原《安全生产法》也在实践中暴露出在立法宗旨、法律制度设立上的一些局限性，因此，在总结《安全生产法》实施经验的基础上,结合新的发展理念和需求,以中央方针政策为指导,吸收、结合相关法规的合理规定,对原法律条款进行更新和修正,将在新的发展阶段为我国进一步预防和减少生产安全事故、保护人民生命健康和财产安全提供更有力的法律保障。

第二节 工业和信息化部《关于进一步加强工业行业安全生产管理的指导意见》

2020年6月9日,工业和信息化部印发《关于进一步加强工业行业安全生产管理的指导意见》(工信部安全〔2020〕83号)(以下简称《指导意见》),提出健全完善工业行业安全生产管理责任体系、加强对工业行业安全生产工作的指导、持续推动城镇人口密集区危险化学品生产企业搬迁改造工作、推动安全(应急)产业加快发展、持续推动民爆行业安全发展、做好民用飞机和民用船舶制造业安全监管工作等工作重点。

一、政策要点

(一)对于负有安全生产监督管理责任的行业,依法依规严格履行监管职责

工业和信息化主管部门对民用爆炸物品行业、民用飞机及民用船舶制造业负有安全生产监督管理责任。对这几个行业,《指导意见》要求工业和信息化部门强化监管执法,严厉查处违法违规行为。持续推动民爆行业安全发展,深入推进供给侧结构性改革,不断提升安全技术水平,严格安全生产监管执法,加快完善安全生产监管工作体系,落实安全生产主体责任和监管责任等。

(二)对于负有安全生产管理责任的其他工业行业,指导督促工业企业加强安全管理

对于民用爆炸物品行业、民用飞机及民用船舶制造业之外的其他工业行业,工业和信息化部门负有安全生产管理责任,《指导意见》要求,将安全生产作为行业管理的重要内容，从行业规划、产业政策、法规标准、行政许可等方面加强安全生产工作，指导督促工业企业加强安全管理。一是从加强对工业行业安全生产工作的指导，着力发现问题并积极化解风险，以安全发展理念统筹行业规划和产业结构调整，引导重点行业规范安全生产条件，通过技术改造促进企业提升本质安全水平，推进化工园区绿色安全发展。二是健全完善工业行业安全生产管理责任体系，切实落实安全生产管理责任，完善安全生产工作机制。

（三）继续以集聚示范、推广先进等方式，推动安全应急产业加快发展

推动安全应急产业加快发展。一是加强安全应急关键技术研发。结合本地产业发展实际，把安全应急产业作为战略性产业优先扶持发展。聚焦自然灾害、事故灾难、公共卫生、社会安全等四类突发事件预防和应急处置需求，鼓励企业研发先进、急需的安全应急技术、产品和服务，引导社会资源积极参与科研成果转化与产业化进程，增强科技对风险隐患源头治理的支撑能力。二是提升安全应急产品供给能力。贯彻落实党中央关于引导企业集聚发展安全产业的部署，依托具有发展基础的各类产业集聚区等，规划建设一批国家安全应急产业示范基地，支持发展特色鲜明的安全应急产品和服务，提升安全应急产品供给能力。引导企业瞄准重点行业领域安全保障需求和应急物资保障需求，加强相关产品研发和供给。三是加快先进安全应急装备推广应用。面向交通运输、矿山开采、工程施工、危险品生产、应急救援和城市安全等重点行业领域，组织实施安全应急装备应用试点示范工程。鼓励有条件的地方开展区域（省、市、县）级示范工程，构建企业、用户、金融保险机构等各类市场主体多方共赢的生态体系。

（四）其他工作

持续推动城镇人口密集区危险化学品生产企业搬迁改造工作，切实把搬迁改造工作做实做细做好，利用搬迁改造推动化工企业转型升级，多措并举加大对搬迁改造企业的支持力度。

二、政策解析

这些重点工作，既着眼于以产业发展推进工业安全生产工作的源头治理和关口前移，又为工业行业主管部门依法履职、正确履责提供了有力支持，有利于不断加强安全生产管理，提升本质安全水平，为工业高质量发展提供坚实保障。

安全生产的主体是企业，企业应承担安全生产的主体责任，各级党委和地方政府对工业安全生产应负领导责任，安全生产监管部门对安全生产负有监督管理责任，行业管理部门承担工业安全生产工作的管理责任。四个责任主体各尽其责并履责到位是保障工业安全生产工作顺利开展的必要条件。在这四个责任中，最重要的是企业安全生产主体责任的压实，最需厘清的重点是工业行业安全生产管理和安全生产监督管理的关系，即处理好强制性监管执法与导向性行业管理之间的关系。

《指导意见》是深入贯彻 2016 年底《中共中央 国务院关于推进安全生产领域改革发展的意见》，切实落实安全生产管理责任的重要举措，明确了工信主管部门对工业行业中民用爆炸物品行业、民用飞机及民用船舶制造业负有安全生产监管职责。除上述领域外，其他工业领域由应急管理部门依法进行监管，行使生产安全监督与管理执法权，制止违规生产、处罚违法行为。工信主管部门虽无监管执法的强制手段，但应在自身职责范围内，将安全生产管理的要求纳入行业管理相关工作中，通过综合利用产业政策、法规标准、技术改造、化解过剩产能等手段来引导企业防范化解风险隐患，加强源头治理，提升工业安全生产管理的质量和水平。

《指导意见》的出台，有利于从两个方面解决目前工业安全生产管理和监管存在的问题。一是有利于解决工业行业主管部门和工业行业安全生产监管部门之间的关系问题。大多数各级工业领域安全生产监管由应急管理部门负责，加强工业行业安全生产管理，就需要工信主管部门与应急管理部门之间各司其职、相互配合、相互协作，建立起强有力的管理与协同机制，形成齐抓共管的良好局面。二是有利于解决工业行业主管部门内部安全生产管理体系建设问题。各级工信主管部门要按照党中央和国务院提出的按照"管行业必须管安全、管业务必须管安全、管生产经营必须管安全"（三管三必须）的要求，尽快建立健全工信系统内部安全生产工作体系，从业务分工、机构设置、安全生产职责等方面入手，责任到人，推动安全生产和工业行业管理工作深度融合，从人、财、物等各方面为有效开展安全生产管理工作提供必要保障。

习近平总书记多次就抗击新冠肺炎疫情强调"要健全统一的应急物资保障体系，把应急物资保障作为国家应急管理体系建设的重要内容"，这是对安全应急产业发展提出的新要求。抗击疫情的成效彰显了我国工业整体发展对应急保障的重要作用，聚焦自然灾害、事故灾难、公共卫生、社会安全等四类突发事件的预防和应急处置需求，是安全应急产业的发展方向。《指导意见》出台前，安全产业和应急产业均在各自的发展轨道上取得了一定成绩，但经统筹考虑，将具有相似属性的两大产业整合将更好地发挥对经济社会发展的保障作用，是相得益彰，也是必然趋势。《指导意见》是行业主管部门将两大产业整合后首次公开相关信息的政策文件，对安全应急产业发展具有重要意义。此前虽有各自领域的相关政策，但新整合的产业目前仍缺少符合新趋势、针对新特点的科技创新、区域布局优化、先进产品推广应用等方面的政策支持，急需制定出台进一步的配套细化政策措施，指导安全应急产业加速发展。

做好工业安全生产指导工作，对于工业行业高质量安全发展有着重要作用。一方面，安全发展是工业高质量发展的重要组成部分。通过加强对工业安全生产工作的指导，规范工业安全生产，提高工业安全生产的本质安全水平，可以在提升安全保障能力的同时，促进工业高质量发展。另一方面，工业高质量发展也可以为安全生产提供支持。工业高质量发展的核心驱动力就是全要素生产率的提高，"机械化换人"和"自动化减人"等都离不开工业高质量发展；互联网与物联网、移动互联、大数据、云计算、人工智能等新一代信息技术特别是工业互联网在安全生产中的广泛应用，能够为工业行业本质安全水平的提高注入强大活力。

未来一个时期，建议加强《指导意见》的宣贯、细化和落实，以《指导意见》为纲，从着力发现问题并积极化解风险、以安全发展理念统筹行业规划和产业结构调整、引导重点行业规范安全生产条件、通过技术改造促进企业提升本质安全水平、推进化工园区绿色安全发展等五个方面加强对工业安全生产工作的指导,推动工业行业高质量安全发展。

第三节 《安全应急装备应用试点示范工程管理办法（试行）》（工信部联安全〔2020〕59号）

2020年12月25日,《安全应急装备应用试点示范工程管理办法(试行)》(工信部联安全〔2020〕59号)正式出台（以下简称《管理办法》）。《管理办法》的制定,是为推动先进安全应急装备科研成果工程化应用,提升全社会本质安全水平和突发事件应急处置能力,科学有序开展安全应急装备应用试点示范工程。围绕保障安全及四大类突发事件预防与应急处置需求,探索"产品+服务+保险""产品+服务+融资租赁"等应用新模式,努力构建生产企业、用户、金融保险机构等各类市场主体多方共赢的新型市场生态体系,加快先进、适用、可靠的安全应急装备工程化应用。

一、政策要点

（一）《管理办法》明确了申报方向

工业和信息化部、国家发展和改革委员会、科学技术部统筹示范工程管理工作,根据示范工程涉及行业领域,会同国务院相关行业主管部门发布《安全应急装备应用试点示范工程实施要素指南（年度）》(以下简称《示范工程实施要素指南（年度）》),组织开展项目评审、动态管理等工作,指导示范工程有序开展,今年涉及围绕矿山安全、危险化学品安全、自然灾害防治、安全应急教育服务四方面共16个方向,分别是：矿山安全生产智能监测预警系统、矿山安全生产管理信息化系统、矿用机械化及自动化协同作业装备、矿山事故应急救援装备、危险化学品安全生产智能监测预警系统、危险化学品生产少人化或无人化工程、重特大危险化学品事故现场处置装备、森林草原火灾监测预警系统、森林草原灭火装备、地震灾害监测预警系统、地质灾害监测预警系统、洪涝灾害防范及处置装置、安全与应急体验科普教育设施、安全生产"互联网+"培训平台、安全文化成果传播与产业化工程。

（二）《管理办法》明确了各部门职责

工业和信息化部、国家发展改革委、科学技术部组织设立专家委员会。专家委员会负责研究提出年度示范工程实施方向、要素条件与评价体系等建议，参与项目评审，对实施中的其他重大问题进行咨询、论证等。省级工业和信息化主管部门、发展改革部门、科技主管部门、中央企业和国家级行业协会负责组织项目征集、推荐上报、跟踪评价、示范推广等工作。

工业和信息化部、国家发展改革委、科学技术部对示范工程建设和推广予以支持：列入示范工程、试点应用项目名单的产品，将通过纳入国家安全（应急）产业大数据平台等方式予以推广；其中，符合条件的首台（套）重大安全应急技术装备，优先推荐至《首台（套）重大技术装备推广应用指导目录》。鼓励地方政府通过专项资金等政策支持示范工程建设。

（三）《管理办法》明确了评审规程

示范工程认定过程包括项目遴选、跟踪评价和评估认定三个阶段。

一是项目遴选。工业和信息化部、国家发展改革委、科学技术部委托专家委员会对推荐项目进行实地考察，遴选出若干项目作为示范工程候选项目，纳入跟踪评价范围。

二是跟踪评价。项目推荐单位对示范工程候选项目开展为期 6 个月的动态跟踪评价，并出具评价报告。工业和信息化部、国家发展改革委、科学技术部会同国务院相关行业主管部门组织评审，结合评价报告择优选择一定比例的项目作为试点应用项目。

三是评价认定。试点应用 1 年后，工业和信息化部、国家发展改革委、科学技术部会同国务院相关行业主管部门，组织专家委员会对试点应用效果进行评价。对遏制重特大生产安全事故或对提升突发事件应急处置能力具有重大应用成效的试点应用项目，认定为示范工程项目。落选项目可于次年进行复评。两次未通过的，取消试点应用项目资格。

二、政策解析

（一）出台背景

为深入贯彻习近平总书记关于安全生产和应急管理工作的重要指示批示精神，提升安全生产保障和突发事件应急处置能力，按照"急用先行"的原则，围绕矿山安全、危险化学品安全、自然灾害防治、安全应急教育服务四个方面，从安全生产监测预警系统、机械化与自动化协同作业装备、事故现场处置装备等 16 个重点方向，面向成熟的技术装备与服务开展本年度试点示范工程。同时，聚焦 5G、人工智能、工业机器人、新材料等在安全应急装备智能化、轻量化等方面的集成应用，探索"产品+服务+保险""产品+服务+融资租赁"等应用新模式，构建生产企业、用户、金融保险机构等各类市场主体多方共赢的新型市场生态体系，促进先进、适用、可靠的安全应急装备工程化应用和产业化进程，以高质量供给促进国内安全消费。

（二）示范要求聚焦智能化产品

从今年示范工程项目要求来看，实施要素要求更聚焦智能化产品。在目前提出的 16 个示范方向来看，有 13 个均要求了实施智能化提升产品应用水平。如"矿山安全生产智能监测预警系统"，要求其运用工业互联网、大数据、云计算、5G、人工智能等新一代信息技术，实时监控生产环境、生产工艺过程、关键设备及设施运行状态，对可能存在重大风险的生产场所进行监测，实现各类灾害的预警。取得的成效是：针对我国矿山企业生产过程中可能发生的矿压、瓦斯、岩爆（冲击地压）、水害、中毒窒息、尾矿库漫顶与溃坝、边坡坍塌、滑坡等灾害，以"产品+服务"模式实现智能化监测预警。

（三）示范工程可解决装备产业化应用

我国安全应急装备市场规模呈现快速增长态势，达到 1700 亿美元，但与国外成熟的安全应急装备产业相比，我国仍属于初步发展阶段，市场需求潜力尚未充分释放，关键在于产业化应用存在技术滞后、动力不足、供需对接不畅三大堵点。

一是关键装备技术空白或滞后制约产业化推进,如航空灭火救援装备、高端城市救援装备、高端安全监测检测仪器、深海应急救援等装备发展滞后甚至处于空白。

二是部分重大安全应急装备成果转化动力缺乏,如我国举高消防车的工作高度范围为 20 米至 110 米,难以满足超高层建筑灭火救援的要求。装备研制时间长、市场容量有限导致企业投资意愿不强是主要原因。

三是安全应急装备供需对接不畅影响产业化进程,部分安全应急装备技术和产品仅仅停留在生产端,被束之高阁。如北方夜视的高性能微光像增强技术作为安全应急装备领域所需核心技术,却由于对接渠道不畅,不了解安全应急部门需求,未能推进安全应急产品产业化,形成有效供给。

第四节 《国家安全应急产业示范基地管理办法(试行)》

一、政策要点

(一)出台背景

早在 2012 年,工业和信息化部联合原国家安监总局发布了《关于促进安全产业发展的指导意见》,明确要求"建立一批产业技术成果孵化中心、产业创新发展平台和产业示范园区(基地)"。2014 年底,国务院办公厅《关于加快应急产业发展的意见》中也提出"根据区域突发事件特点和产业发展情况,建设一批国家应急产业示范基地,形成区域性应急产业链,引领国家应急技术装备研发、应急产品生产制造和应急服务发展"。全国先后有 11 个园区通过了国家安全产业示范园区(含创建单位)的批复或评审,20 个产业基地获批为国家应急产业示范基地。

一是 2013 年起,两部门先后批复在江苏徐州、辽宁营口、安徽合肥和山东济宁等地开展国家安全产业示范园区创建工作;2018 年,工业和信息化部、应急管理部联合出台了《国家安全产业示范园区创建指南(试行)》,以此为依据,先后有广东佛山南海区和陕西西安高新区共两个园区获批国家安全产业示范园区创建单位；2019年10月，湖南株洲、吉林长春、江苏如东、浙江温州和广东肇庆等五个园区通过了国家安全产业示范园区（含创建单位）评审。

二是2015年，工业和信息化部、国家发展改革委、科技部联合发布了《国家应急产业示范基地管理办法（试行）》，同年，三部门确定了中关村科技园区丰台园等7个基地为首批国家应急产业示范基地；2017年，确定了辽宁省抚顺经济开发区等5个基地为第二批国家应急产业示范基地；2019年，确定唐山开平应急装备产业园等8个产业集聚区为第三批国家应急产业示范基地。

（二）主要内容

2020年，为深入贯彻习近平总书记关于安全生产和应急管理工作的重要指示批示精神，落实《中共中央 国务院关于推进安全生产领域改革发展的意见》和《国务院办公厅关于加快应急产业发展的指导意见》的重点任务要求，引导企业集聚发展安全应急产业，优化安全应急产品生产能力区域布局，指导各地科学有序开展国家安全应急产业示范基地培育工作，工信部组织中国电子信息产业发展研究院安全产业研究所等单位参加，编制了《国家安全应急产业示范基地管理办法（试行）》（以下简称《管理办法》）。

近年来，工信部分别会同国家发展改革委、科技部和应急管理部先后印发了《国家应急产业示范基地管理办法（试行）》和《国家安全产业示范园区创建指南（试行）》。目前，共联合批复了20家国家应急产业示范基地（工信部、发改委、科技部联合批复）、6家国家安全产业示范园区（含创建）（工信部、应急部联合批复）。

为加强对安全产业、应急产业发展的归口、统筹指导，工信部于2020年研究决定，将安全产业和应急产业整合为安全应急产业，并在工业和信息化部《关于进一步加强工业行业安全生产管理的指导意见》（工信部安全〔2020〕83号）中，进一步明确了创建国家安全应急产业示范基地的重点任务。组织编制《管理办法》，是在上报国家有关单位，同意将国家应急产业示范基地和国家安全产业示范园区整合为国家安全应急产业示范基地统一管理，作为保留示范类项目并向社会公示的前提下完成的。目前,《管理办法》已完成公示,拟由工信部会同国家发改委、科技部于近日联合印发并组织实施。

二、政策解析

(一)明确申报主体和类型

申报单位应是以安全应急产业作为优势产业,特色鲜明且对安全应急技术、产品、服务创新及产业链优化升级具有示范带动作用的,依法依规设立的各类开发区、工业园区(集聚区)以及国家规划重点布局的产业发展区域。

示范基地的建设分为培育期和发展期,处于培育期的示范基地属于创建单位。申报单位可申报综合类和专业类示范基地。综合类示范基地是指相关产品或服务涉及多个专业领域,且处于国内先进水平、市场占有率高、规模效益突出的示范基地(含创建);专业类是指相关产品或服务在某一专业领域处于国际先进水平,市场占有率较高,具备一定规模效益的示范基地(含创建)。

(二)明确申报流程

申报单位结合自身情况向所在省级工业和信息化主管部门提出综合类或专业类国家安全应急产业示范基地(含创建)申请,并登录国家安全应急产业大数据平台在线申报系统,提交相关申报材料。省级工业和信息化主管部门会同同级发展改革委、科学技术主管部门对申报材料开展审查,联合出具书面推荐意见。工业和信息化部会同国家发展改革委、科学技术部组织专家对申报单位进行现场考察和答辩评审,评审通过后由三部委联合命名。

(三)明确对示范基地的动态管理机制

示范基地创建单位培育期满三年后,经三部委评估,满足示范基地条件的,联合命名为国家安全应急产业示范基地;未满足示范基地条件但评估认为具备创建单位条件的,培育期可延长两年,两年内再次评估仍未满足示范基地条件的,公告撤销国家安全应急产业示范基地创建单位命名。示范基地经定期评估未满足条件的,由三部门通报、责令整改,两年内再次评估仍未满足条件的,公告撤销命名。连续两年未按规定提交年度工作总结和计划的,可撤销其命名

(四)设立全面合理的指标体系

示范基地申报指标为产业构成、创新能力、发展质量、安全环保、发展环境、应用水平等 6 方面,详细考察了申报单位在安全应急产业领域的经济体量、企业情况、科创能力、产业质量、特色优势、宏观环境、应用保障等内容,确保指标设置全面合理,准确反映出申报单位各方面情况,有效引导产业发展。对于几个特殊的指标,下面做具体说明。

通过经实地调研、座谈交流、征求意见以及专家论证等形式,对产业构成中申报单位安全应急产业年销售收入(指标 1.1)的指标设置,进行了科学而合理地研讨。据调查结果显示,现有已批复的 20 家国家应急产业示范基地和 6 家国家安全产业示范园区(含创建)、5 家已通过评审的国家安全产业示范园区创建单位(以下简称园区和基地),其中有 23 家园区和基地内安全应急产业年销售收入在 100 亿元以上,有 3 家在 80 亿元~100 亿元,2 家在 60 亿元~80 亿元,1 家在 60 亿元以下。将"年销售收入"指标定为目前数值(指标 1.1),能较为合理地考察申报单位产业基础、引导产业规模稳定增长,也能避免无序竞争、一哄而上。此外,申报基地创建单位需要在所申报的领域具有一定的上下游产业链配套,基地内规上企业在 30 家以上。

"申报领域数量"(指标 1.2)要求以即将出台的《安全应急产业分类指导目录(2021 版)》(以下简称《目录》)为依据,申报综合类示范基地(含创建)的单位,其安全应急产业要涉及两个及以上专业领域(即《目录》中一级目录);申报专业类示范基地(含创建)的单位,其安全应急产业要涉及同一个专业领域。同时,每一个专业领域所拥有的产品或服务要包含若干个该领域下的二级目录或三级目录内容,能支撑起该领域的产业结构。

创新能力指标要求示范基地创建单位内相关领域省级以上研发机构不少于 3 家,其中申报主体若包含安全应急服务,相关领域的省级以上研发机构不少于 2 家;基地内相关领域企业研发投入占销售收入的比

例不小于 2%；企业每亿元主营业务收入有效发明专利数不少于 0.3 件，其中相关领域有效发明专利数不少于 20%；基地需要建立产学研用合作机制，建立共性技术研发和推广应用平台。

此外，对于安全应急产业示范基地来说，在以产业来促进地区安全环保水平提升的同时，自身安全和环保的能力更是重点考察对象。《管理办法》规定示范基地创建单位需要建立完善的基地安全监管体制机制，地方和部门监管责任落实到位，安全生产源头管控严格，建立风险分级管控和隐患排查治理安全预防控制体系。

示范基地（含创建）所生产的安全应急产品和提供的服务造成重大不良影响的，工业和信息化部、国家发展改革委员会、科学技术部给予警告；造成严重后果的，撤销命名。工业和信息化部、国家发展和改革委员会、科学技术部对示范基地（含创建）发展予以支持。根据实际情况在产学研合作、技术推广、标准制定、项目支持、资金引导、交流合作、示范应用、应急物资收储等方面对示范基地（含创建）内单位给予重点指导和支持。

热 点 篇

第三十三章

抗击新冠肺炎疫情

第一节 事件回顾

新冠肺炎是新型冠状病毒肺炎的简称。在命名上，2020年2月11日，世界卫生组织总干事谭德塞在瑞士日内瓦宣布，将新型冠状病毒感染的肺炎命名为"COVID-19"（Corona Virus Disease 2019），同期，国际病毒分类委员会声明，将新型冠状病毒命名为"SARS-CoV-2"（Severe Acute Respiratory Syndrome Coronavirus 2）；并认定这种病毒是SARS冠状病毒的姊妹病毒。2020年2月22日，国家卫生健康委官方网站发布通知，决定与世界卫生组织命名保持一致，将"新型冠状病毒肺炎"的英文名称修订为"COVID-19"，中文名称则保持不变。

在病毒上报和溯源上，世卫组织表明，该病毒病例情况最早在2019年12月由我国武汉市卫生健康委员会公布；2021年3月30日，中国-世卫组织新冠病毒溯源联合研究报告在日内瓦发布，报告认为，华南海鲜市场并不是新冠病毒的最初来源地，且新冠病毒"可能至比较可能"从原始动物宿主直接传人，"比较可能至非常可能"经由中间宿主引入人类，"可能"通过冷链食品传人，"极不可能"通过实验室事件传人。

在新冠病毒对人的生命危害程度上，2020年3月11日，世界卫生组织总干事谭德塞在新冠肺炎疫情媒体通报会上发言，着重强调了新冠肺炎疫情的危害性和防治工作的重要性，并将新冠肺炎疫情定为大流行病。截至2021年4月，我国新冠肺炎累积治愈率达94.85%，死亡率4.71%，累计死亡4851人；全球治愈率则为77.7%，死亡率2.2%，累计死亡 2881079 人，其中美国累计死亡数最多，为 570260 人。我国将新型冠状病毒感染的肺炎纳入乙类传染病范畴，但采取甲类传染病的预防、控制措施，同时将其纳入检疫传染病管理，以最大限度降低疫情传播风险。在经济损失上，新冠肺炎导致的停工停产、治疗费用等财产损失数额巨大，各专家机构估算偏差较大，但普遍认为将在 2 年内造成超过 5 万亿美元的经济损失。

为应对新冠肺炎疫情，我国自 2020 年 1 月至 8 月，先后发布了八版《新型冠状病毒肺炎诊疗方案（试行）》，为我国乃至全球科学应对新冠肺炎提供了科学指导和宝贵经验。在疫情初期，我国集中全力，在情况最严重的武汉以极短时间修建了火神山医院、雷神山医院、方舱医院并投入使用，同时在全国范围内开展医疗防护物资的增产、扩产、转产，政府和群众群策群力、共同支持武汉人民抗击新冠肺炎疫情，在党中央坚强领导下，在武汉人民、医护工作者做出的牺牲和全国人民的支援下，初期疫情得到了有效控制。为扑灭后续疫情，武汉经验中采取的封城、病原追溯、隔离等措施有效应用在了各个有疑似患者或接触人员的省市，阻断了病毒传播渠道，取得了良好效果。2020 年 6 月，北京新发地疫情爆发，在各级政府的迅速组织下，仅仅之后的 40 天，便实现了两个潜伏期内（28 天）确诊病例零增长。作为我国抗击新冠肺炎疫情的又一标杆案例，新发地疫情应对流程为各地进行疫情防控工作提供了有力参考，我国各地开放力度随之加大。其后在 2020 年 12 月 31 日，国药集团中国生物新冠灭活疫苗由国家药监局批准附条件上市，各地纷纷开展疫苗接种，为我国科学形成群体免疫创造了良好条件。

第二节　事件分析

一、成功抗击新冠肺炎疫情凸显我国制度优势

2020 年 5 月 22 日，习近平总书记在参加十三届全国人大三次会议时指出："我们党没有自己特殊的利益，党在任何时候都把群众利益放在第一位。这是我们党作为马克思主义政党区别于其他政党的显著标志。在重大疫情面前，我们一开始就鲜明提出把人民生命安全和身体健

康放在第一位。"自 2019 年 12 月起，新冠肺炎疫情已持续近一年半，党和国家对人民的庄重承诺成为现实。疫情发生以来，在党中央领导下，我国采取果决措施，集中优势资源打总体战、阻击战和歼灭战。疫情初期，我国集中力量，依靠举国体系优势在全国范围内向武汉征集医护力量，在 2020 年 3 月 8 日，已有 346 支医疗队到达武汉和湖北其他地区。这股总计 4.26 万人的医疗力量中，重症专业医务人员达 1.9 万人，女性医务人员 2.8 万人，在方舱医院和重症病房建设中做到了床位到位、医务人员到位与收治病人三同步，同时依据医疗队编制成建制接管重症病区、重症病房和方舱医院，最大限度提升了医疗效率。同时，我国政府和人民群众牺牲经济增长保障生命安全，2020 年 1 月大范围停工停产为我国抗击新冠肺炎疫情提供了宝贵的时间窗口。其后，我国各级政府推出了系列政策鼓励企业复工复产，2 月 25 日，统筹推进中央企业新冠肺炎疫情防控和复工复产等改革发展工作电视电话会议在京举行，国务委员王勇出席并讲话。他强调，要深入学习贯彻习近平总书记重要讲话精神，认真落实党中央、国务院决策部署，统筹做好中央企业疫情防控和复工复产等改革发展工作，为打赢疫情防控的人民战争、总体战、阻击战，完成党中央确定的经济社会发展目标任务做出积极贡献。4 月，国务院联防联控机制印发《全国不同风险地区企事业单位复工复产疫情防控措施指南》，为我国 2020 年 2 至 4 季度经济全面恢复增长打下了政策基础。目前，我国已进入了境外输入病例为主、本土自生病例寥寥的现状，人民生产生活井然有序，疫苗接种有序开展，只有口罩和健康码还在提醒人们疫情尚未结束。当时，国家发展改革委副主任兼国家统计局局长宁吉喆表示，预计 2020 年我国经济增速将达到 2%左右，成为全球唯一实现经济正增长的主要经济体。

二、应急物资保障是抗击新冠肺炎疫情的关键部分

疫情初期，我国面临着医疗物资储备不足、物资生产企业复工复产缺乏员工和原材料、地方红十字会应急管理力量不足等多种问题，为应对新冠肺炎疫情带来一定困难。2020 年 2 月 5 日、14 日，《求是》杂志刊登了《全面提高依法防控依法治理能力，健全国家公共卫生应急管理体系》的文章，文中习近平总书记指出，要"健全统一的应急物资保障

体系。这次疫情防控,医用设备、防护服、口罩等物资频频告急,反映出国家应急物资保障体系存在突出短板。"疫情期间,为满足突然增长的医疗卫生物资需求,我国成立了由工信部牵头、国家发改委等部门参与的医疗物资保障组,建立了企业特派员制度,直接对接、管控防疫物资生产企业,保障物资供给。地方政府也积极配合,为防疫物资生产企业开辟了审批绿色通道,河南长垣等部分重点生产地区还制定了招工鼓励政策,同时地方领导也积极主动帮助生产厂商求购应急防疫物资原材料。疫情中后期,以防护服、口罩为主的防疫物资出现了极大充足和产能过剩,消解多余产能成为企业面临的主要问题。这凸显了我国建设应急物资保障工作机制和应急预案、科学衡量突发公共卫生事件的应急物资实物储备、产能储备、合同储备及技术储备需求的重要性,也从侧面反映了我国相关行业强大的医疗应急物资的增产、扩产、转产能力。

三、信息技术在抗击新冠肺炎疫情整个阶段发挥了重要作用

利用自身非接触、综合服务能力强的优势,信息技术在抗击新冠肺炎疫情的过程中发挥了重要作用。在疫情初期,专家通过远程看诊技术手段,有效缓解了重点医疗力量紧张的问题,大大提升了疑难病例看诊效率,保障了人民生命安全;工信部搭建了国家重点医疗物资保障调度平台,有力增强了医用防护物资供给双方对接能力,在疫情防控最关键的时期,平均每3小时调度一次医用防护服的生产和发货情况,在优先保障武汉地区需求同时,还可兼顾其他地区疫情防控的需要;在日常防控中,"防疫行程卡"、各地"健康宝""电子健康通行卡"等多种防控平台利用大数据技术分析研判,在监管流动人口出入、人员进入公共场所登记、跟踪锁定密切接触者等疫情防控跟踪活动上发挥了巨大作用,依托大数据技术进行的轨迹分析已然成为各地研判密切接触者所需的必要手段。

四、安全应急产业迎来新的发展机遇

习近平总书记指出:"要把应急物资保障作为国家应急管理体系建

设的重要内容，按照集中管理、统一调拨、平时服务、灾时应急、采储结合、节约高效的原则，尽快健全相关工作机制和应急预案。要优化重要应急物资产能保障和区域布局，做到关键时刻调得出、用得上。"为此，我国多地纷纷开展以医用应急防护物资为主的医用防护产业建设，河南长垣、山东济宁、江苏丹阳等地，利用自身卫材产业基础或产业可持续发展需求，加快医用防护产业布局。其中，河南长垣卫材产品占全国市场份额超过70%，是名副其实的"卫材之乡"。疫情期间，长垣为国内外生产了大量防护服、口罩等关键性抗疫物资，有力支援了武汉抗疫和全国复工复产工作。在习近平总书记关于"发挥全球抗疫物资最大供应国作用"的指导下，长垣产品出口国外，疫情期间捷克一国的N95口罩均产自长垣，为我国履行国际义务立下了汗马功劳。此外，济宁、丹阳等地也纷纷将医用防护产业作为新经济增长点之一加以培育，未来安全应急产业发展空间将因此进一步加大。

第三十四章

西昌"3·30"森林火灾

第一节 事件回顾

2020年3月30日15时35分许,四川省凉山州西昌市经久乡和安哈镇交界的皮家山山脊处发生森林火灾。在救援过程中因火场风向突变、风力陡增、飞火断路、自救失效,导致参与火灾扑救的宁南县森林草原防火专业扑火队及向导共19人牺牲、3人受伤。此次森林火灾造成各类土地过火总面积3047.7805公顷,综合计算受害森林面积791.6公顷,直接经济损失达9731.12万元。《凉山州西昌市"3·30"森林火灾事件调查报告》显示,这是一起受特定风力风向作用导致电力故障引发的森林火灾。

本次火灾扑救共分4个阶段。

一是火情上报和应急处置阶段(3月30日15:47至31日00:50)。火灾发生后,山火迅速蔓延,形成火场面积约9平方公里,经久乡和凉山州、西昌市森林草原防灭火指挥部值班室相继接到火情报告,在逐级上报的同时紧急开展群众疏散和重点单位保护工作。其后,西昌市启动III级应急响应,凉山州、西昌市成立联合指挥部,调集消防力量开展灭火和重点单位保护工作。

二是火灾扑救开展阶段(3月31日00:50至4月2日凌晨)。本阶段开始时,四川省委省政府、应急管理部领导先后率工作组抵达现场指挥指导火灾扑救工作,随后省、州、市联合指挥部成立,确立了"先保目标、再打火线,整体围控、各个歼灭,重兵扑救、地空配合,阻隔为主、正面扑救为辅"的整体灭火策略,全面开展灭火工作。本阶段共组织森林消防、消防救援、武警等扑救力量6236人次,动用灭火直升机6架、23架次,洒水230桶、875吨。

三是火灾扑救总攻阶段(4月2日凌晨至12:01)。本阶段进行救火总攻,共投入扑火力量3450人,南线明火被扑灭,进入烟点看守阶段。

四是管控销号阶段(4月2日12:01至4月12日16:00)。本阶段明火全部扑灭,经属地乡镇(街道)动态巡查管控直至销号,全线均未发生复燃。

此次火灾共计疏散转移受火灾威胁的群众3万余人;成功守住含主供西昌卫星发射中心的经久220千伏变电站在内的15个易燃易爆重点单位;成功守住11个学校、博物馆等重点部位和重要设施;成功转移文物1568件、典籍25箱200卷,转移烟花爆竹1250余件、压缩气体600余瓶,转移金属钠、钾、钙等危险物品18950克、次氯酸钠消毒液3吨。总体来看,本次森林火灾处置做到了重点突出、配合有力,未造成群众伤亡、未发生次生灾害,保住了重点目标和重要设施,人民群众生命财产安全得到了保护。

第二节 事件分析

一、事故根源

"3·30"森林火灾发生的直接原因是:110千伏马道变电站导线预留引流线在特定风力风向作用下与电杆横担支撑架抱箍搭接,形成永久性接地放电故障(时长16分3秒),造成线体铝制金属熔融、绝缘材料起火燃烧,在散落过程中引燃电杆基部地面的灌木、杂草,受风力作用蔓延成灾。

森林防灭火基础设施建设不完善、灭火应急救援力量配备不足等问题,是"3·30"森林火灾造成人身及财产损失的部分间接原因。凉山州森林面积达28460平方公里,全州17个县(市)均为高火险区,森林防灭火任务繁重。调查报告表明,在防灭火基础设施建设方面,凉山州全州普遍存在森林防灭火信息化程度不高、科技手段落后的问题,消防水池覆盖率低、航空灭火力量远远不能满足扑救森林大火的需求,停机坪和取水点数量少、布局不合理,山上不通公路,救援车辆难以直接到达火场;在应急救援力量方面,凉山州全州森林消防队员数量不足350人,扑火装备落后、自救阻燃等个人防护装备及通信器材缺乏,加上扑火队伍教培水平不高、保障条件差、人员变动频繁,难以适应凉山州森林防灭火任务。

二、事故教训

宁南县森林草原防火专业扑火队及向导的牺牲是西昌"3·30"森林火灾中的最大损失。除西昌市安哈镇相关领导对宁南县森林草原防火专业扑火队没有安排专人指挥、没有持续跟踪工作进展、撤退指令未及时下达外,还存在消防基础设施不健全、扑火装备落后、通信器材不完善、个人防护及自救装备不齐全等问题,归根结底是系统性地对消防安全专用装备的配备不够重视,过分强调人力在应急中的作用,低估、忽略了消防安全专用装备在防范灾害发生、扩大和维护应急人员安全中的作用。

应坚持习近平总书记"生命至上、安全第一"的指导思想,以人为本加强森林火灾防灭火队伍建设。重视防灭火工作资金保障,火灾风险高、预期损失大的地方应将防火资金纳入财政年度预算;按照"有队伍、有经费、有装备、有处置办法、有制度、有措施"的"六有"要求加强乡镇森林防火能力建设;加强地方专业灭火队伍建设,做好个人防护装备、扑火设备及自救阻燃装备配备保障工作,强化队伍专业培训水平,提升人员待遇,增强队伍人员归属感;坚持开展森林防火宣传力度,改善人员待遇、树立模范典型,提升居民加入森林防火队伍、参与森林防火工作的意愿。

应加强森林防火基础设施建设,发展专用防灭火安全应急装备。要依照《森林防火道路设计规范》,针对性开展防火区道路建设,以提升应急响应能力;要将森林防火工作和重点设施布局统筹规划,通过空间隔离降低森林火情对油库、电站、学校、图书馆、博物馆等重点设施的潜在威胁；在防火火设备上，要依据森林防灭火需求，针对性地配备接力水泵、高压细水雾、风力（水）灭火机、油锯、割灌机等，并加强运输车辆、火场专用通信设备、消防飞机及直升机的租赁及配备工作，科学规划建设停机坪及配套消防供水点等。

第三十五章

7月长江淮河流域特大暴雨洪涝灾害

第一节 事件回顾

2020年7月份，我国长江、淮河流域接连遭遇了5轮强降雨袭击，长江流域的平均降雨量为259.6毫米，相较常年同期偏多58.8%，为自1961年以来同期最多，长江发生了3次编号洪水；淮河流域的平均降雨量达到256.5毫米，较常年同期偏多33%。7月12日，国家防总决定将防汛Ⅲ级应急响应提升至Ⅱ级。受到强降雨的影响，淮河流域的江河来水较往年偏多1.5~2倍、长江中下游流域较往年偏多4~6成，引发了严重的洪涝灾害。灾害造成了江西、安徽、湖北、湖南、河南、江苏、山东、浙江、四川、重庆、贵州11省（市）共3417.3万人受灾，8人失踪，99人死亡，144.8万人需要提供紧急生活救助，299.8万人被紧急转移安置；3.6万间房屋倒塌，并有42.2万间房屋有不同程度损坏；农作物受灾面积达到3579.8千公顷，其中绝收的占893.9千公顷；直接经济损失高达1322亿元。

2020年特大暴雨洪涝灾害长江淮河流域部分省（市）受灾情况见表35-1。

表 35-1　2020 年特大暴雨洪涝灾害长江淮河流域部分省（市）受灾情况

省（市）	灾情概述	灾害损失	应对情况
江西省	自 2020 年 6 月 2 日开始，江西省遭遇了该年影响范围最广、持续时间最长、雨强和雨量最大的一次连续性暴雨天气过程，赣州、萍乡、景德镇、上饶等地受灾较为严重	造成 10 个设区市、51 个县（市、区）的 44 万多人受灾，个别城区严重内涝，部分道路桥梁冲毁，部分房屋倒损，农作物被淹，直接经济损失 4 亿元	江西省应急管理厅针对芦溪县、上栗县严重洪涝灾情，按照《江西省自然灾害救助应急预案》规定，于 6 月 6 日紧急启动省级四级救灾应急响应，同时，紧急下拨 1400 余件（床）毛毯、棉被、折叠床等救灾物资，省财政厅研究下拨省级应急救灾资金，支持灾区做好受灾群众转移安置和抗灾救灾工作
安徽省	2020 年 7 月 5 日，安徽省气象局将重大气象灾害暴雨三级应急响应提升至二级，并和安徽省水利厅联合发布山洪灾害气象预警，其中合肥市庐江县、肥西县和巢湖市受灾严重	全省 16 个市 95 个县（市、区）受灾，受灾人口 1046.53 万人，因灾死亡 14 人；农作物受灾面积 1221.31 千公顷，其中绝收面积 393.7 千公顷；倒塌房屋 5927 间，严重损坏房屋 2.75 万间；直接经济损失 600.65 亿元	安徽各地各部门保持战时状态，全省抗洪抢险最高峰时投入了 10.05 万人，其中，投入各类机械设备 4016 台套，上堤巡查防守 2.45 万人，通过巡坝巡堤来排除险情
湖北省	长江中下游干流城陵矶以下江段、鄱阳湖区、洞庭湖区、水阳江发布洪水橙色预警。湖北共有 1104 座水库超汛限水位，其中大型 10 座，超汛限中小型水库较多的有孝感、荆门、随州、襄阳、恩施、黄冈	造成武汉、黄石、宜昌等 12 个市（州、直管市）共 46 个县（市、区）的 255.9 万人受灾，因灾死亡 2 人，并紧急生活救助 4.52 万人，紧急转移安置 6.5 万人。房屋因灾倒塌 449 间，严重损毁 511 间，造成直接经济损失 26.65 亿元	湖北省应急管理厅党委成立了现场工作组，赴前线指导救援，同时调集消防部队、鄂东南矿山救援队等专业救援队伍，以及社会救援力量携手救援。各级农业部门则通过农业好帮手 APP、农业信息网平台进行重大气象预警信息发布，指导各地及时做好防范措施方案。农业厅组派了 6 个工作组，分赴重灾区对农业抗灾救灾工作进行指导

续表

省（市）	灾情概述	灾害损失	应对情况
湖南省	遭遇24轮强降雨过程，洞庭湖和湘资沅澧四水共84站次河道发生了超警戒及以上水位的洪水。汛情最紧急时，洞庭湖区共有2930公里、130个堤垸堤段水位超警戒	全省共有14个市（州）、117个县（市、区）、686万人受灾，因灾死亡人数24人，农作物受灾面积达62.8万公顷，倒塌房屋8585间，严重损坏房屋2.13万间，交通、通信、电力、水利等基础设施遭受水毁，造成直接经济损失计146.3亿元	做好局部暴雨，以及湘南、湘东台风的防范应对工作，快速发布预报预警，及时转移受威胁的群众。另外，大型水电企业建立了与省防指（调度中心）的防洪体系的无缝对接体系，并建立了汛期防汛办公室和防汛领导机构，自发成立防汛抢险应急队伍，为防洪度汛提供了强有力的组织保障
四川省	首次启动Ⅰ级防汛应急响应。青衣江流域全面超过保证水位，岷江下游、大渡河下游出现全面超警超保洪水	造成全省19市（州）、142县（市、区）共341.9万人受灾，紧急转移安置人数约49万人；农作物受灾面积约16.5万公顷，房屋倒塌2155间，严重损坏房屋6158间；直接经济损失164.2亿元	四川通过"重车压梁"等方式来增强桥梁自重，分别将两列重载货物列车用机车推上宝成铁路上下行涪江大桥，用来提高洪峰对桥墩冲刷时的梁体稳定性
重庆市	将防汛Ⅳ级应急响应调整为Ⅲ级，綦江城区受灾严重，最高水位未超警戒水位	造成全市15区县（经开区）共155828人受灾，紧急救助1884人，紧急转移安置30915人；房屋倒塌165间，不同程度房屋损坏929间；农作物受灾面积4423公顷，其中绝收763公顷；导致直接经济损失达20984万元	重庆主城区位于三峡水库的上游。长江重庆海事局为保障航运安全，对长江干线黄草峡、观音滩、铜锣峡等急流江段实施临时交通管制措施

数据来源：赛迪智库安全产业所，2021年4月。

第二节 事件分析

一、气候与人类活动是洪涝成因

因为自然条件和地理环境的影响，导致我国长江淮河流域的洪涝灾害的频繁发生，对沿线城市带来了巨大的经济损失和社会影响。

从气候来看，由于我国位于亚洲季风区，受到东亚夏季风的较大影响，东部地区更是位于东亚夏季风的主要水汽输送带，因此极易产生频繁持续的强暴雨气候。当季风气流到达中纬度时，与中纬度空气产生相互作用，尤其是在中纬度持续性环流，如阻塞高压的影响下，二者合力具有更持久、更强劲的相互作用，便产生了大范围的持续性强降水。如果与中高纬冷空气相互作用，即会产生更强烈、更持续的大暴雨和季风降水。另外，全球气候变暖也导致了我国东部季风雨带的逐步北移，使北方降雨增多。

从人类活动来看，城市化对洪涝灾害产生了深远的影响。城市化引发的"雨岛效应"和"热岛效应"会引发城市短历时突发性的强降雨强度更大且更加频繁。同时，在城市化快速扩张的过程中，不透水的"硬底化"水泥地面取代了原有的绿地和农田等透水能力强的地面，雨水的截流量和下渗量有所下降，导致径流峰值上升。城市建设破坏了排水系统，截断了排水管网，同时，老城区的排水系统淤积堵塞严重，老化失修，这些因素都进一步制约了排水能力。另外，我国河道中的阻水桥涵、桥梁以及各类垃圾倒弃等都使得河道行洪空间被堵塞、占用，成为行洪不畅的主因。

二、加强城市防洪规划迫在眉睫

一方面，我国缺乏城市防洪工程体系的科学建设依据，建设城市防洪工程体系的纲领是城市防洪规划。我国长江淮河流域受灾严重的城市应当聘请气象、水利、水文、水土保持、环境保护、建设、园林绿化、城市规划等有关部门的专家，结合本城市建设现状，对现有城防工程的实际情况进行分析，以高标准、高起点、高要求的科学态度进行实际的论证规划，从而使城防规划与各省市的发展相适应，且具有预防性与前瞻性。另一方面，相比其他国家，我国城市的防洪防涝基础设施建设相对落后，建设的标准也未与国际接轨。据不完全统计，截至目前，我国仍有逾百城市尚未完善符合国家标准的防洪基础设施建设。过于重视地上的建设工作，导致城市的发展失衡，而忽视地下的相关建设，则引发城市的排水能力不足以抵抗大型洪涝灾害。

三、需建立洪涝分布和预警平台

由于洪涝多发，长江淮河流域各省市都编制了防洪预案，但是很多预案缺乏针对性，对洪涝发生造成的各项灾害没有进行很好细致化规定，这样就导致预案不具有有效切实的可操作性，实践性不佳。其中，内容不细致，基础设备信息规定不确切，进而致使市县等基层单位在应对洪涝的时候无法遵循预案进行规范操作。针对以上问题，政府需要不断根据实际情况调整城市防洪的相关规划，协调理顺城市发展和城市防洪中的各项工作。同时，定期检查泄洪和河道等配套设施，做好水库的建设和日常管理，保证排水功能的正常使用，在雨季之前更要做好预案，对相关排水设施进行全面检查和重点清理，保证城市的防洪能力和排水情况。此外，长江淮河流域省市在进行洪涝灾害预防的时候，要充分应用如大数据平台、物联网建设、移动互联网+、云计算和云存储等现代技术，通过利用现代技术进行城市气象的提前监测预警，从而加强城市及区域降雨的布控，提升洪涝灾害预测的精准度，最终建立长江淮河流域全面的洪涝监测覆盖平台。

四、坚持疏导与治理并重的方针

长江淮河流域省市需坚持治理与疏导同步发展。

首先，统一建立协同互通的防洪管理组织，以保证城市抗洪抢险工作能够顺利进行。总结过往城市防洪实践经验，将城市的防洪细化工作落实到城市中的各级单位、各个部门；明确城市抗洪的抢险责任人、做好责任区域划分，确保各部门履行好自身的抗洪职责。

其次，在每年汛期前，管理部门要组织对责任区划内的防洪排涝水利工程进行安全鉴定检查，发现隐患需要做到及时排除。同时，还要扩大、疏通下水道建设，疏浚城区河道。

最后，要理论联系实际，加强城市防洪的应急管理，充分利用当地驻地解放军和武警部队的作用，做好救灾抢险的应急预防工作。一方面提高专业化的抢险救灾队伍的整体建设，另一方面还要不断提高群众的抗洪能力。此外也要加强救灾物资的储备，定期进行补充和更新，确保在发生洪涝灾害时应急救援物资能够及时到位。

第三十六章

温岭段"6·13"液化石油气运输槽罐车重大爆炸事故

第一节 事件回顾

2020年6月13日16时41分许,位于台州温岭市的沈海高速公路温岭段温州方向温岭西出口下匝道发生一起液化石油气运输槽罐车重大爆炸事故,造成20人死亡,175人入院治疗(其中24人重伤),直接经济损失9477.815万元。

2020年12月31日,浙江省应急管理厅官方网站公布了沈海高速温岭段"6·13"液化石油气运输槽罐车重大爆炸事故调查报告。事故调查组认定,沈海高速温岭段"6·13"液化石油气运输槽罐车爆炸事故是一起液化石油气运输槽罐车超速行经高速匝道引起侧翻、碰撞、泄出,进而引发爆炸的重大安全生产责任事故。事故调查组通过深入调查和综合分析,认定事故的直接原因是:谢志高驾驶车辆从限速60公里/小时路段行驶至限速30公里/小时的弯道路段时,未及时采取减速措施导致车辆发生侧翻,罐体前封头与跨线桥混凝土护栏端头猛烈撞击,形成破口,在冲击力和罐内压力的作用下快速撕裂、解体,罐体内液化石油气迅速泄出、汽化、扩散,遇过往机动车产生的火花爆燃,最后发生蒸汽云爆炸。事故调查组组织专家对事故所处路段旋转式防撞护栏与跨线桥混凝土护栏未进行搭接施工对事故的影响进行了论证,可以认定:旋转式防撞护栏未按设计施工,不符合相关技术标准要求,是事故的间接原因。

第二节 事件分析

2020年6月13日,沈海高速浙江温岭段发生重大液化气槽罐车爆炸事故。据了解,爆炸车辆运输液化气从宁波到温州瑞安,从高速公路出来走104国道时,由于事故车辆进入匝道时速度过快,车辆失控,阀门箱遭到严重侧撞,液化气泄漏,引起后方两车起火后,槽车也开始起火。罐体受到烘烤造成罐内气相沸腾爆炸(据通报,槽车安全阀未能正常起跳)。车辆共发生两次爆炸,应该是第一次罐内气相沸腾后超压引起的物理爆炸和第二次罐体爆破后液化石油气遇空气后的化学爆炸。

从事故报告看,事故主要由以下几个原因共同导致。

(1) 超速行驶是事故发生的直接原因。事故报告显示,事故的直接原因是:谢志高驾驶车辆从限速60公里/小时路段行驶至限速30公里/小时的弯道路段时,未及时采取减速措施导致车辆发生侧翻。

(2) 道路基础设施不安全是间接原因。事故调查组认定,旋转式防撞护栏未按设计施工,不符合相关技术标准要求,是事故的间接原因。事故地点旋转式防撞护栏与跨线桥混凝土护栏未进行搭接过渡施工,不符合设计文件和标准规范相关要求,且该交通设施安全等级提升改造工程(事故匝道弯道处改装旋转式防撞护栏)于2014年4月开始施工建设,事故发生时距离开始施工建设已有6年多的时间,仍未竣工验收。

(3) 安全生产主体责任不落实是事故主要原因。瑞安市瑞阳运输公司及叶岩福等主要负责人无视国家有关危化品运输的法律法规,未落实GPS动态监管、安全教育管理、电子路单如实上传等安全生产主体责任,存在车辆挂靠经营等违规行为,是事故发生的主要原因。工商登记信息显示,该公司因未按照规定的周期和频次进行车辆综合性能检测和技术等级评定等原因,受到过10次行政处罚,其中两次是未实施安全生产管理制度,四次未按规定周期和频次进行车辆综合性能检测和技术等级评定,合计罚款金额超过1.1万元。

(4) 相关各方未正确履职是事故的重要原因。GPS监管平台运营服务商违规帮助瑞阳运输公司逃避GPS监管、电子路单上传主体责任,行业协会未如实开展安全生产标准化建设等级评定,事故匝道提升改造工程业主、施工、监理单位在防撞护栏施工过程中未履行各自职责，是事故发生的重要原因。

事故带给我们的启示如下。

（1）先进安全手段不足，制约安全水平提升。一是，事故的直接原因中，经两家司法鉴定中心检测鉴定，事发时牵引车变速器处于第十前进挡位，车辆在发生侧翻前行驶速度分别为 52.37～54.80 公里/小时、52～57 公里/小时，而事发路段限速为 30 公里/小时，事故车辆为超速驾驶状态。超速行驶的问题没有被及时识别、提醒和纠正，直接导致了事故的发生。车路协同是促进交通安全的重要手段，智能两客一危安全管理体系急需完善。如果在限速路段，智能终端集成了超速提醒、管理功能，车辆能够主动识别路侧限速标志而自动减速，类似事故也许就可以避免。二是，事故的主要原因中，瑞阳运输公司安全生产主体责任落实不到位，而监管部门未能及时察觉并纠正其违规行为，主要是受限于监管部门人力资源的不足和监管方式的落后，如果研究应用先进的监管方式和工具如安全监管综合信息系统等，实施危化品运输全过程跟踪和信息监控，实现危化品运输风险精密智控，就可以大幅减少人力支出，提升监管效能；事故责任主体瑞阳运输公司此前曾因安全工作不到位受到过多次行政处罚，本应是监管重点，受到重点关注，但直到事故发生之后的追责阶段，才发现其安全工作存在若干漏洞，"源头治理，预防为主"的安全工作原则未能贯彻落实。提升数据统筹能力和先进技术的应用，如运用电子路单和监管处罚信息等数据开展分析和预测，研判风险，找出风险集中的企业和环节予以重点关注，提前制定措施预防事故，从源头上降低事故风险。

（2）监管闭环存薄弱环节，导致事故企业有空可钻。交通运输主管部门作为危险货物道路运输负有安全监督管理职责的部门，未严格执行《危险货物道路运输安全管理办法》第五十二条规定，履行危险货物道路运输经营许可证核发、危险货物运输车辆 GPS 动态监控工作考核和危险货物运输企业日常安全监督检查等职责不力；公安机关未严格执行《危险货物道路运输安全管理办法》第五十二条第三项规定，履行危险货物运输车辆通行秩序管理职责不力；公路管理部门未严格执行《浙江省高速公路养护管理若干规定（试行）》第三条规定，履行事故道路养护施工监管职责不力。危险化学品安全监管工作应环环相扣,覆盖危险品全生命周期、全链条,不留空白地带,才能将事故风险全面扼杀。此次事故暴露的问题提示,危险化学品运输环节安全监管意识尚需强化,危险化学品运输部门协同、区域协作监管能力应全面提升,多部门信息共享和协同工作机制亟待完善。此外,现行电子路单上报制度源头治理作用较弱,对于不按规定填报的情况仅采取抽查、跟踪整改的模式,建议改进完善电子路单制度,达到违规次数上限后,做出更进一步如限制出行、停业整顿等类似处理,以达到震慑安全意识薄弱、安全主体责任不履行的企业的目的。

(3)行业安全发展长效机制建设仍有很长的路要走。危化品运输安全基础性、源头性、瓶颈性重大问题尚未从根本上得到解决,危化品运输企业总量较多、挂靠模式多、规模和安全意识参差、规范性不强,行业急需安全转型;危化品运输物流结构和危化品物流大通道安全有待统筹规划,危化品运输路线有待科学设置,危化品运输沿线设施如危化品运输车辆专用停车场/位、安全设施提升改造有待配套完善;此外,从业人员素质、车辆安全措施、罐体安全技术条件等均是危化品运输安全的影响因素。

总的来说,温岭段"6·13"液化石油气运输槽罐车重大爆炸事故是安全管理"人防、物防、技防"三道防线全部"失守"的综合结果,危险化学品道路运输安全管理"人、机、环、管"四个关键因素上均存在漏洞,才最终导致了事故发生。在今后的管理过程中,应逐个堵塞漏洞,完善安全管理,提高安全水平,防止类似事故发生。

第三十七章

中国安全产业协会换届

第一节 事件回顾

2020年8月7日，中国安全产业协会（以下简称"协会"）第二届会员代表大会在江苏省徐州市召开。协会151名会员代表，以及工业和信息化部、应急管理部、江苏省工业和信息化厅、徐州市、佛山市南海区的有关领导和嘉宾出席了本次代表大会。会议审议并通过了《中国安全产业协会第二届会员代表大会工作报告》《中国安全产业协会第一届理事会财务工作报告》《中国安全产业协会章程》《中国安全产业协会会费管理办法》等协会文件，并选举产生了第二届理事会。

协会第二届理事会一次会议随后召开，协会理事53人出席会议。会议选举产生了第二届理事会协会负责人，监事会推选出监事长。王民当选新一任理事长，王云海等14人当选新一届副理事长，陈瑛当选新一届秘书长，韩俊当选为监事长。作为新一届协会领导班子负责人，王民理事长发表《肩负使命、继往开来，开创新时代国家安全应急产业发展新局面》的演讲。王民理事长表示，将带头做到旗帜鲜明讲政治，始终坚持全心全意谋发展，时刻牢记打铁还需自身硬，为中国安全产业的繁荣发展做出应有的贡献，努力开创协会工作新局面。

在协会第二届会员代表大会上，全体会员肯定了协会成立以来取得的成绩，并一致表示要在习近平新时代中国特色社会主义思想的指导下，不忘初心、牢记使命，继续锐意进取、创新服务，积极支持中国安全产业协会的各项工作和活动，为促进安全产业高质量发展，实现"两个一百年"目标做出新的更大的成绩。在大会上，中国安全产业协会还与佛山市南海区、徐州市高新区分别签署了合作协议。南海区人民政府与中国安全产业协会将围绕资源共享、项目落地、共同推进中国安全产业大会举办等方面开展全方位的深度合作。徐州高新区与协会将继续在包括中国安全及应急技术装备博览会等大型行业活动中紧密合作，共同促进徐州安全产业的发展。

第二节　事件分析

一、协会开启发展新征程

中国安全产业协会是全国性一级社会团体。2013 年 8 月，中国安全产业协会由中国电子信息产业发展研究院等 6 家单位发起，经国务院领导和国家有关部门批准，2014 年 12 月 21 日在北京成立，并召开了中国安全产业成立大会，选举产生了协会第一届理事会和负责人。中国安全产业协会始终坚持为行业服务、为政府服务、为会员服务的宗旨。经过五年多的发展，协会由成立时的 251 个会员，先后发展了上千名会员，并成立了物联网分会、消防行业分会、建筑行业分会、矿山分会、电子商务分会、道路交通安全分会、石化分会、防灾减灾分会、安全文化分会、健康经济分会、文化与教育分会、网络空间安全分会、交通运输安全装备分会、消防技术创新专委会等 14 个专业分支机构，与美国、韩国、捷克、意大利等国家开展了国际交流合作，形成了涉及安全应急产业主要行业和领域的社会组织体系。

为抓好职能定位，更好发挥协会桥梁纽带作用，促进安全产业发展，协会紧扣国家安全和应急产业时代发展要求，深刻剖析行业协会所处发展环境和现实需求，制定了"123"发展规划。即一个战略愿景：成为一个行业认同、社会尊重、国家信赖的一流行业协会。两大职能定位：一是加强政策体系研究，做好政府参谋助手，参与推进安全应急管理体系和能力现代化；二是搭建行业创新资源共建和共享平台，汇聚行业智慧和力量，参与推动安全应急产业大发展。三条工作主线：一是搭建多方交流平台，巩固政府和企业交流平台，扩大行业交流平台，拓展国际交流平台；二是强化企业服务线，代表企业有效表达诉求，为企业提供实实在在的适需服务;三是筑牢行业自律线,在维护行业权益、规范行业发展等方面发挥应有作用。

二、协会将在新形势下更好地发挥支撑和导向作用

协会暨第一届理事会成立五年多以来,在工业和信息化部等行业主管部门指导和支持下,在协会全体会员和工作人员共同努力下,在产业宣传发动与实施等方面做出了值得肯定的成绩。五年多来,协会多次参与国家和部委的相关政策起草制定工作,利用各种机会反映协会会员需求、推荐先进技术和产品,起到很好的效果。协会还主办或协办 70 余次全国性展览展示、论坛、新闻发布会、产品论证和项目评审等大型活动。其中,中国安全产业大会、中国安全及应急技术装备博览会、中国汽车安全产业峰会暨首届交通安全产业论坛、中国消防安全产业大会、中国(徐州)安全产业协同创新推进会等都是行业最具影响力的产业盛会,协会在产业发展中的影响力与日俱增。

在当前疫情防控常态化与国际不稳定因素相叠加,新问题、新风险、新挑战层出不穷的形势下,安全产业作为为安全生产、防灾减灾、应急救援等安全保障活动提供专用技术、产品和服务的产业,在坚持以人为本,树牢安全发展理念的征程上,肩负着庄严的历史使命。协会理事长王民表示,中国特色社会主义进入新时代,国家治理体系和治理能力不断向现代化迈进,安全生产水平和防灾、减灾、救灾能力越发成为维护公共安全、保持社会稳定、保障国家安定的重要环节。而安全产业就是提升国家安全生产水平的产业,就是优化国家应急管理能力的产业。中国安全产业协会将持续发挥企业与政府间的桥梁、纽带作用,协调全国安全应急产业各方力量,加强国际与合作,将通过展览展示、研讨交流、产品推广等多种形式的活动,为共同推进安全应急产业大发展贡献力量。

三、协会将会发挥更强的桥梁纽带作用

随着管理制度不断完善、会员数量逐步增加、分会建设日益规范,协会将在政府与企业之间、在促进产业集聚发展方面会发挥更大的桥梁纽带作用。

在协助推动产业政策精准落地方面,协会成立以来,认真贯彻落实

国家有关促进安全发展和产业发展的政策措施，发挥联系政府和服务企业的独特优势，引导企业与国家政策对接。未来，协会将围绕产业发展的重大问题，组织开展课题研究，开展全面细致的行业调研，及时向政府部门提供动态报告和政策建议；加强产业相关政策研究，推动产学研创协同、新型研发机构建设以及科技成果转化等政策落地，指导企业用好用足已出台政策；发挥技术专家优势，协助政府审核把关重点示范工程，积极参与推动做好先进安全应急产品在交通运输、矿山开采、工程施工、灾情救援等重点领域的应用示范工程，逐步探索形成具备产业推广价值的好经验、好模式。

在激活产业市场主体活力方面，协会积极推广会员企业的先进安全技术、装备和产品，为广大会员提供服务。重点推广的产品主要有：智慧消防和高层消防装备、智能安全防护栏、智能安全汽车防撞装置、智能安全脚手架系统、救援机器人、应急移动固废处理装备、大流量排水抢险装备、高层逃生设备、大型应急救援装备等。未来，协会将通过强化分会的规范与创新管理，鼓励分会发挥自身活力与自主作用，利用分会细分领域专业优势，开展各细分领域政策解读、趋势把握与规模化、专业化、集约化发展路径研讨工作，促进分会以及各会员企业发挥更大作用，实现更大发展，进而带动产业链良性发展。

在带动形成特色产业集群方面，五年多来，协会利用自身的会员集群优势，与国内有发展安全产业意向的地方政府、产业园区和大型企业广泛开展合作，推动产业集聚区建设，先后在湖北襄阳、安徽马鞍山、张家口、四川泸州等地开展了安全产业示范基地建设，还与徐州高新区、德州经开区、镇江市、曲靖市、肇庆高新区等地签署了合作协议。未来，协会将梳理掌握行业龙头企业及其优势产品，发掘掌握一批拥有核心关键技术和优势产品的"隐形冠军"，制定协会安全应急产业重点企业评定管理办法，筛选形成重点企业目录，建立与国家装备配备目录相一致的行业先进产品装备目录，为优秀企业和优势产品发挥推广作用；推进实施特色安全应急产业基地集群培育行动，通过推动标杆企业入园，发挥标杆企业集聚和辐射作用，培育一批特色明显、创新能力强的科技型中小企业，形成园内大、中、小企业分工合理、优势互补的生态系统，协助各地建成更具特色的安全应急产业示范基地。

展望篇

第三十八章

主要研究机构预测性观点综述

第一节 中国应急信息网

2020年8月,为贯彻落实习近平总书记第十九次政治局集体学习关于优化整合各类科技资源、强化应急管理装备技术支撑的指示要求,应急管理部推出公益性应急装备专业资讯网站"应急装备之家",作为"中国应急信息网"的子站,提供应急装备综合信息。截至2021年4月,应急装备之家网站已有厂家信息总数3722个,装备信息总数14740个。作为中国应急信息网应急装备信息的主要集中区,应急装备之家主要开辟了"森林灭火专区""防洪抗旱专区""无人机专区"和"无线通信专区"等8个专区介绍应急装备的进展和最新动向。

在森林灭火方面,我国森林面积达31.2亿亩,森林覆盖率达到21.7%,我国是森林资源大国的同时,又是森林火灾多发国家。2020我国共发生森林火灾1153起,其中重大火灾7起。2020年2月30日四川凉山州西昌市发生的森林火灾,造成扑火队员19人遇难。森林火灾还在短时间内烧毁大片森林,造成巨大的损失。因此,森林防火是保护林业发展中及其重要的一环。在装备领域,一是工业无人机在森林灾害监控中将发挥极大的价值。工业无人机能搭载红外线和可见光设备的工业无人机进行作业,及时获取火源位置、强度以及周边情况的信息,在森林火灾检测及救援指挥上有着得天独厚的优势,极大提升应对森林火灾的作业效率。二是为满足森林灭火和水上救援的需要,我国首次研制了大型特种用途民用飞机 AG600,作为国家应急救援体系建设急需的重大航空装备,该机型按照"水陆两栖、一机多型、系列发展"的设计思路,兼顾了改装成海洋环境监测和保护等用途的可能性和灵活性。另外,我国专门针对森林火场复杂、扑救人员无法近距离救火的特点而研制的森林远程快速智能防灭火工程产品也取得了很好的灭火效果。

在防洪抗旱方面,在 2020 年的抗洪救灾中,救援人员奋力填沙包、涉水堵管涌的背后是各种高新科技手段在提供有力支援。包括信息方舱、风云四号卫星、北斗导航系统等防汛抗灾利器都在助力防洪,如利用无人机抵近侦察,精准确定灾情信息;信息方舱在抗洪救灾前线,不但能以战时状态实时对救援分队发出行动指令,还可以综合多方天气、水文等信息对汛情进行研判,提高指挥效率;风云四号卫星在汛情期间对水体面积和雨带变化做出了持续而精准的监测,为天气预报和抗洪抢险决策提供了不可或缺的数据支持;北斗导航系统通过监控水土位移预警地质灾害,可以通知人员提前撤离,做到人员零伤亡。从高精尖技术到创新运用,物防和技防相结合的手段将越来越凸显其在防汛救灾中的重要性。

无人机与 5G 等技术相结合,应用场景不断创新。如中国移动 5G 网联无人机,利用 5G 大带宽、低时延的特性,可实现远程自动化飞行控制、5G 实时高清图像回传、海岸规划定点巡检以及实施喊话等功能,突破了传统操控距离限制,可以为城市警务、案件追踪、海防救援等应急处置及时提供数据信息。结合部分轻量级 AI 技术的无人机还能够实现自动化巡检和嫌疑车辆人员自动跟随等功能,具备工作效率高、机动性强等特点。采用高密度电法探测技术,无人机在江西省鄱阳县等地进行堤身堤基渗漏通道探测,先后发现 30 余处渗漏通道,为防汛部门提供了及时、准确的抢险依据。

各种各样的无线电技术在抢险救灾工作中发挥了越来越重要的作用。应急通信是在抢险救灾和通信网故障等突发时能临时、机动地提供应急服务的通信方式。迅速地建立起应急通信保障系统,对于保障处于灾害中人民群众的生命财产安全意义重大。我国拥有许多种灵活以及先进的应急通信设备,主要包括自适应电台、900M 移动电话通信车以及交换车。此外,无线自组网络技术可以迅速建立起有效的通信网络,在紧张复杂的救援中为后续的处理奠定坚实的基础,尽可能地保障受灾人民群众的生命财产安全。

第二节 中国安全生产网

2021年既是新冠肺炎疫情后我国经济逐步复苏的一年,也是"十四五"的开局之年。中国安全生产网开辟了2021年全国两会专题、全国防灾减灾日专题等多个栏目,对利用先进技术和产品提升应急管理能力、各地方"十四五"规划中对于提升安全应急保障能力的论述分别做了分析。

运用信息技术推动应急管理创新变革成为今年两会代表关注的热点问题。2021年两会期间,中国安全生产网的两会专栏刊登了多位两会代表对安全发展的观点。对于当前化工园区安全生产信息化建设水平整体不高、安全生产形势严峻的现状,民建中央准备了《关于加快推进化工园区安全生产信息化建设》的提案,建议加快推进化工园区安全生产信息化建设,助力化工产业安全转型升级。包括以需求为导向,形成健全完善的园区管理平台;提升企业终端监测能力,持续推进企业信息化管理基础建设;利用物联网和人工智能技术是现在安全生产监测方面的应用等。全国政协委员、佳都科技集团董事长刘伟提出,运用新一代信息技术推动应急管理创新和动力变革,从完善应急管理体系、推动应急管理转型升级、强化应急预案建设、打造"应急智慧大脑"四个方面提高应急管理的智能化水平和抵御各种灾害的能力,实现应急管理现代化。加强应急领域全要素链、全产业链连接等,进一步打通相关企业、产业上下游、跨行业和跨领域的数据壁垒,实现全要素全产业链的数据互联互通。

加快安全产业发展,进一步提升安全产品技术供给水平和安全保障能力是统筹安全与发展的重要途径。全国政协委员、西华大学副校长郑鈜提出建议,"十四五"期间要加快发展安全产业,满足人民群众日益增长的安全保障需求,进一步提升安全保障能力水平。安全产业具备很强的社会保障和生产消费价值,具有安全和发展双重属性,应当成为我国未来重点发展的产业之一。发展安全产业应从顶层设计、转变观念、创新驱动三方面加快安全产业发展。在顶层设计方面，可将安全产业作为各领域统筹发展和安全的有力抓手，全面系统规划其发展，制定有针对性、前瞻性的政策措施；在转变观念方面，应进一步扩大产业外延、细化内涵，根据不同领域的产业特点和发展规律制定特殊的产业政策；在创新驱动方面，要以需求为导向，重点支持技术创新、产品创新、模式创新和应用场景创新，协同发挥各方作用，破解安全产业发展瓶颈难题。全国政协委员、中国工程院院士、华东理工大学副校长钱锋建议，从加快推进高危行业转型升级、加大企业安全技改投入、提升从业人员安全素质三方面发力，系统提升企业本质安全水平。其中，对于企业安全技术改造升级，要在危化品、煤矿、非煤矿山等重点行业领域大力推广应用机械化、自动化生产设备设施，开展智能化作业和危险岗位的机器人替代工作，加快智能化工厂、数字化车间、网络化平台建设，既实现"机械化换人、自动化减人"，又带动重点行业领域安全生产转型升级。全国政协委员、中国安能建设集团有限公司安全环保部部长张利荣认为，应支持中央企业加快发展应急产业，培育提高应急产业的规模和集中度，创新引领应急产业发展。

关于安全应急技术创新，南通市应急管理局郭世东表示，无人化技术在各行各业使用越来越多，无人化装备在应急救援处置过程中的作用应引起重视。要加强针对性地研究，不但要区分地下、水面、水下、空中等维度研制专业应急救援无人化装备，还要将无人化装备使用从监控感知、指挥通信等保障领域向处置一线拓展。全国政协委员、国家电网安徽宿州供电公司输电运检室带电作业班班员许启金提交了《重视和促进产业工人技术创新成果转化》的提案，呼吁关注基础的技术创新成果转化，从而创造更多社会效益和经济效益，保障安全，高效作业。把产业工人的基础技术创新成果转化工作纳入国家创新发展相关规划和行动方案，明确将这一工作列为相关部门的职能内容。

第三节 中国安防行业网

2021年年初，中国安防行业网开辟专题，对过去一年安防行业整体发展情况进行梳理，并展望新一年安防行业的发展前景。中国安防行业网认为，在国家经济形势经历了 2020 年 V 型反转，经济持续回暖的大趋势下，安防行业作为人工智能等新技术应用的重要领域，将伴随着"新基建"的持续落地，经历行业数字化变革浪潮，并实现行业规模化应用。同时，在"平安中国"政策引领下，雪亮工程、智慧城市、智慧社区、智能交通等领域正在持续引领安防产业发展。中国安防行业网重点从产业发展前景、技术创新趋势、重点应用领域三方面展望了 2021 年安防行业发展趋势。

安防行业的发展离不开国内外整体经济环境的影响和行业政策的激励。在 2020 年新冠肺炎疫情的阻击战中，以安防产品技术为代表的新兴技术被广泛应用在疫情防控的一线。随着行业应用的拓展延伸，安防行业与越来越多的行业部门建立了紧密的联系，行业发展同样面临着转型升级的机遇和挑战。安防行业需要抓住大趋势下的发展新机遇，推动行业向新的台阶迈进。从投资领域来看，在国家强调大力发展数字经济，加大新型基础设施投资力度的背景下，各地方纷纷加速布局新基建，持续加码政策落地，如云南省出台的《云南省推进新型基础设施建设实施方案（2020—2022 年）》，提出到 2022 年，打造数字工厂、无人车间、无人生产线、无人采矿、自动驾驶等 20 个重点应用场景，智慧交通、智慧能源、智慧旅游、工业互联网试点示范达到全国一流水平。随着政策落地和投资加快，2021 年势必推动行业快速发展。从消费领域看，近年来国家持续扩大国内需求，并通过创新驱动、高质量供给引领和创造新需求。2020 年我国最终消费支出占 GDP 的比重达 54.3%。随着物联网、云计算、大数据以及人工智能的发展，安防智能前端越来越丰富，再加上 5G、光宽带的来临，以泛安防为重要发展目标的消费安防产品必将迎来又一次发展高潮。出口贸易方面，2020 年疫情变化和外部环境存在诸多不确定性，但基于我国完整的产业链条以及强劲的制造能力，安防行业内几家领军企业 2020 年海外市场依然向好。2021 年随着我国安防行业的不断壮大以及我国"一带一路"国际合作的深入推进，以中东地区、东南亚等对智慧安防产品需求的增长为代表，安防行业对外贸易将依然维持向好动态。

安防产品技术将迎来新一轮的变革，安全技术创新值得关注。5 年前安防加速进入智能时代，各种新技术不断融入行业应用，并持续推进行业升级迭代。2021年安防行业技术创新趋势主要表现在以下三个方面。

一是安防技术融合与功能集成将备受瞩目。安防行业融合了众多基础技术与产业，随着视频技术应有边界逐渐扩大，各类场景下的智能应用也随之丰富。尤其是 5G+AI+大数据的技术融合落地，以 5G 实现构建万物互联的智能世界进一步加快，并催生出更多智能化场景。

二是生物识别及其信息安全技术将快速发展。基于视觉技术的人工智能正在与安防应用领域紧密融合，人脸识别、指纹识别、虹膜识别、步态识别等为代表的生物特征识别技术行业化应用正深入到各种细分领域，然而人脸识别等新技术的应用和发展给个人信息保护带来许多新挑战。接下来很长一段时间，社会及行业需要规范技术应用、加快完善法律法规、构建数据安全标准。

三是 5G 助力实现边缘计算和中心智能决策的互联互通中发挥革命性的作用。2020 年我国新增 5G 基站约 58 万个，推动 5G 基站共建共享 33 万个。以 5G 打通各端，使行业数据采集、传送、存储更敏捷、更高效，充分释放数据要素价值，进而提升防范化解风险水平。2021 年，5G 应用落地进程将持续加快，重点从智能制造、公共安全、医疗、能源等热点领域，到港口、矿山、制造业等多个场景的应用模式，不但可以获取更多维度的实时海量的节点数据，还能与 AI 相融合，在安防云中心完成对海量"实时"数据的全局分析，助力安全防范更加有效、及时。

应用市场是安防技术创新的试金石，近些年随着新一代信息技术的应用，安防逐渐拓展到更多领域，虽然公安领域依然是安防重要市场，但通过与各个领域的业务管理相融合，安防逐渐走向应用领域更深层次。2021 年，智慧交通、智慧社区、智能家居值得重点关注。

一是智慧交通领域，2021 年是我国交通强国建设起始年，结合未来市场需求分析以及相关规划，安防行业网预测 2021 年我国智能交通行业有望保持 20%左右的市场规模增速，安防企业值得持续关注。

二是智慧社区领域，安防作为目前社区建设中重要一部分，被划入到市政配套中，鼓励综合运用物防、技防、人防等措施满足安全需要，2021 年各地市域社会治理现代化将进入新高潮，其中提高市域治理的智能化水平包含"雪亮工程"、"智慧安防小区"建设等涉及智能安防的多种举措。

三是智能家居领域,以安防智能硬件产品为代表的智能家居领域近些年呈现爆发式增长,据《2020 下沉市场智能家居消费洞察》统计,智能取暖器、智能家居产品中电子锁、安防摄像头成为 2020 全民都爱剁手的"智能三大件",2021 年将是智能家居爆发的一年,伴随消费升级趋势,互联网消费、个性化消费将更加普及。

第四节　中国安全产业协会

2020 年,中国安全产业协会第二届会员代表大会召开并选举产生新一届领导班子,徐工集团工程机械有限公司董事长、党委书记王民当选新一届理事长。中国安全产业协会开启了发展新征程。

关于安全应急产业如何定位,王民理事长表示,应从三个方面深刻理解。

首先,安全应急产业是保障人民生命财产安全的产业,是践行党的初心使命的产业。无论是同新冠肺炎疫情的斗争,还是同大灾大害战斗的胜利,都离不开充足的防疫物资供应、离不开先进的应急抢险救援装备的支援,离不开高效运转的安全应急救援体系。

其次,安全应急产业是健全统一应急物资保障体系,优化国家应急管理能力的产业。无论是提供保障安全生产的科技设备,还是应急管理信息化平台的建设,安全应急产业的发展同健全统一应急物资保障体系和优化应急管理能力是"一脉相承、一体两面"的关系,是应急管理体系良性运转的重要支撑。

最后,安全应急产业是事关千千万万市场主体的产业,是我国实体经济发展壮大不可或缺的重要产业。安全应急产业有整体发展规模大、覆盖广、品类多的特点,是专用产品和服务的有机产业综合体,产业产品不仅面向生产安全,还面向社会公共安全,同时在需求主体、行业分布、安全和应急环节等不同角度仍有不同的对标需求,覆盖广泛、品类众多。比如:应急装备目录体系较为成熟的美国,具体划分了 21 大类,709 小类,6663 种示例产品,其中个体防护设备(1602 种)、救援与搜救装备(1821 种)、信息技术设备(612 种)、通讯装备(627 种)、探测装备(887 种)、洗消装备(317 种)、医疗装备(591 种)、其他装备

（206 种）。安全应急产业的体量规模决定了有庞大的市场主体，能否充分激发自身活力，为国家真正做出应有的经济贡献，同政策落地息息相关、密不可分。

关于发展安全应急产业的着力点，王民理事长认为需要从以下三方面出发。

一是要坚持从实战出发。现有安全应急救援装备现实可用性都不高，但安全应急设备不是拿来看的，不能是"样子货"、不能只成为参观的摆设，而应在安全应急之战中发挥功效，因此，研发要参与实战、结合实战，进而从根本上解决应急救援装备脱离实战的尴尬处境。

二是要加强龙头企业引领，目前航空、矿山井下关键救援，信息通信安全，医疗检测，生化、核辐射防护等装备均存在严重依赖进口的现象。国内龙头企业，如徐工矿机，通过自主创新形成了自己的核心技术和成套化产品，但由于短期间产品市场销量不足，大型施工案例参与机会不多，在国外竞争对手排挤和打压的同时，国内部分大型企业对国产化设备信心不足，不愿意给予更多的合作机会，让国产品牌失去了同国外对手同台竞争的机会。希望更多的龙头企业深度参与到安全应急产业来，国产品牌能够获得更多实战适用性历练和展示的机会。

三是要坚持国际视野。在坚持走自主研发道路的同时，要不断加强国际科技创新合作，促进国际先进安全应急科技成果转化，填补重点领域技术研发与产业化鸿沟，积极参与国际标准制定，以服务"一带一路"建设和国际产能合作为重点，积极开拓国际市场。同时，应借鉴和吸收国外安全应急管理有益做法，全面提升安全应急预案管理、法治化管理、社会共治、信息化管理等方面的现代化能力和国际化水平。

第五节　中国安全生产科学研究院

2021 年两会期间，全国政协委员、中国安全生产科学研究院院长张兴凯对我国南方严重汛情中在灾害事故应急医疗救治方面暴露出的弱项和短板阐述了自己的观点。2020 年，我国南方地区遭遇 1998 年以来最严重汛情，但受灾群众基本生活得到有力保障，初步显示出中国特色大国应急体系的高效能，但应急救援实战中也暴露出急需加强灾害事故应急医疗救治体系建设。

张兴凯指出，实施灾害事故救援，人员和装备缺一不可。可在实际中，医疗救治人员到救援现场后常遇上装备配备不足、设备陈旧、装备落后等问题。救援硬件跟不上不仅造成救援效率低，而且救援人员自身的安全也无法得到保障。此外，还存在应急协调响应机制不顺畅，未建立消防救援队伍、专业应急救援队伍与应急医疗救治力量的协调联动机制，应急医疗救治能力低，缺乏专业、快速转运的能力等短板。提高灾害事故应急医疗救援水平需要全社会的共同努力。

张兴凯指出，在重特大自然灾害、事故发生后，应急医疗救治力量既是实施救援救治，可最大限度减轻伤员的痛苦，减少由于救治不及时导致的伤亡伤残。健全专常兼备的应急医疗救治体系至关重要。张兴凯认为，加强灾害事故应急医疗救治体系建设，需要从规划统筹、标准规范、救治场地、救治队伍、专业培训五个方面入手。在规划统筹方面，将灾害事故应急医疗救治体系建设作为推进应急管理体系和能力现代化的重要组成部分，在组织体系、预案预警体系、救援救治装备、应急医疗救治队伍、协作机制、指挥协调联动平台等方面，规划建设覆盖全国的灾害事故应急医疗救治体系；在标准规范方面，需要通过制定救援力量协调联动机制的规范性文件和技术标准，确保现场救援救治的系统、科学、有效；在救治场地方面，建立国家重大灾害事故应急医疗救治基地，可将基地打造成为面向灾害事故应急医疗救治、集教产学研于一体的国家重大灾害事故应急医疗救治中心；在救治队伍方面，要建设一支面向灾害事故、具有应急救援能力和较强应急医疗救治能力的应急医疗突击队；在专业培训方面，需要将自然灾害、事故灾难的应急医疗救治知识及调度指挥技巧纳入应急管理人员专业和地市、县区领导干部培训课程。

第三十九章

2021年中国安全应急产业发展形势展望

第一节　总体展望

服务统筹发展和安全,在经济发展新格局中继续发挥好安全应急产业支撑保障作用。2021年,我国安全应急产业发展要以习近平新时代中国特色社会主义思想为指导,全面贯彻落实习近平总书记关于加强应急物资保障体系建设的重要论述精神,坚决贯彻落实党的第十九届五中全会提出的统筹发展和安全,建设更高水平的平安中国的战略部署,面向自然灾害、事故灾难、公共卫生事件、社会安全事件等各类突发事件所需安全防范与应急准备、监测与预警、处置与救援等专用产品和服务的保障需要,为全力防范化解重大公共安全风险,有效应对各类突发事件,最大程度减少人民群众生命财产损失,为决胜全面建成小康社会提供安全稳定环境,为实现"两个一百年"奋斗目标和中华民族伟大复兴的中国梦做出应有的贡献。全力防范化解重大公共安全风险,有效应对各类灾害事故,最大程度减少人民群众生命财产损失,为决胜全面建成小康社会提供安全稳定环境,安全应急产业发展肩负更多的责任与使命。

安全应急产业承载着党和国家的重任,需要不断总结经验,继续依托我国制造业优势,加强安全应急产业集群发展,做大做强产业链条。目前,既要高度警惕和防范灾害事故重大风险,又要密切关注全局性重大风险;不仅要做好自然灾害、事故灾难的应急准备和处置工作,而且要积极参与公共卫生事件、社会安全事件的协助处置工作,为高质量发展创造稳定的安全环境,安全应急产业的发展需要面对新要求与新挑战。2020年,在党中央、国务院的直接领导下,通过全国人民的共同努力,2020年我国安全形势总体保持平稳。2020年,不仅我国在抗击新冠肺炎疫情中取得了举世瞩目的成就,而且面对各类重特大风险,自然灾害死亡失踪人数历史最低,生产安全事故起数和死亡人数、重特大事故起数和死亡人数历史最低。据应急管理部消息,2020年我国因灾死亡失踪人数和倒塌房屋数量,相比近5年的平均值分别下降52.7%和47.0%;全国的生产安全事故起数和死亡人数,同比分别下降15.5%和8.3%,全国大部分地区和行业领域的安全生产形势持续好转。

然而,2020年,我国安全和应急保障体系的基础仍然薄弱,既面临存量风险又要面对增量风险。首先,2020年新冠肺炎疫情初期,我们面对过口罩、医用防护服等各类防疫物资的严重紧缺。其次,2020年我国各种自然灾害共造成1.38亿人次受灾,591人因灾死亡失踪,589.1万人次紧急转移安置;10万间房屋倒塌,30.3万间房屋严重损坏,145.7万间房屋一般损坏;农作物受灾面积19957.7千公顷,其中绝收2706.1千公顷;直接经济损失3701.5亿元。再次,我国2020年全年共发生安全事故3.8万余起、死亡2.74万余人,尽管没有发生特别重大安全生产事故,但发生了重大事故16起,涉及建筑、运输、煤矿、火灾等不同类型,事故起数与2019年持平,死亡人数上升18%。这些都表明目前我国各类突发事件的风险挑战仍比较严重,事故和灾害还处于易发多发时期,加上新冠肺炎疫情和外部经济环境冲击,不确定因素增多,各类安全风险隐患加大。需要不断提升全社会的安全意识、应急意识和责任意识,筑牢防灾减灾救灾的人民防线。必须坚持统筹发展和安全,增强机遇意识和风险意识,树立底线思维,把困难估计得更充分一些,把风险思考得更深入一些,注重堵漏洞、强弱项,有效防范化解各类风险挑战。

展望2021年,我国构建经济发展新格局对安全应急产业提出了更高要求。2020年10月,党的十九届五中全会审议通过的《中共中央关于制定国民经济和社会发展第十四个五年规划和二〇三五年远景目标的建议》就"统筹发展和安全、建设更高水平的平安中国"提出明确要求、做出工作部署。习近平总书记指出:"安全是发展的前提,发展是安全的保障"。必须坚持统筹发展和安全,增强机遇意识和风险意识,树立底线思维,把困难估计得更充分一些,把风险思考得更深入一些,注重堵漏洞、强弱项,下好先手棋、打好主动仗,有效防范化解各类风险挑战,确保社会主义现代化事业顺利推进。前进道路上,我们既要善于运用发展成果夯实国家安全的实力基础,又要善于塑造有利于经济社会发展的安全环境,实现发展和安全互为条件、彼此支撑。今后一个时期,统筹发展和安全将是各级各部门做好安全生产和产业发展工作的主基调。

安全应急产业需要以整合为契机走好高质量发展之路。为加强对安全产业、应急产业发展的归口、统筹指导,工信部于 2020 年研究决定,将安全产业和应急产业整合为安全应急产业。2020 年 12 月,工信部、国家发展改革委、科技部先后公开征求《国家安全应急产业示范基地管理办法(试行)(征求意见稿)》和《安全应急产业分类指导目录(2020年版)(征求意见稿)》的意见,将在 2021 年发布。此外,2020 年 1 月,工业和信息化部办公厅、国家发展和改革委员会办公厅、科学技术部办公厅联合发布了《安全应急装备应用试点示范工程管理办法(试行)》,并在全国范围内开展了安全应急装备应用试点示范工程项目的征集工作。未来,随着这些政策文件的逐步落实,安全应急产业的发展将迎来一个新的发展阶段。

面对复杂的形势,安全应急产业需要持续稳定发展。预计在 2021 年,我国经济发展环境面临深刻复杂变化,新冠肺炎疫情前景未卜,世界经贸环境不稳定不确定性增大,国内经济循环面临多重堵点,重大风险隐患不容忽视。全球抗击新冠肺炎疫情的历程表明,应急物资保障体系建设在国家安全保障体系中的地位将明显上升,但随着全球抗击疫情对于应急物资的需求逐步稳定,公共卫生应急物资的阶段性需求将由热逐渐趋稳,从高回落在所难免。同时,我国安全应急产业发展在"各自为战"进入"整合发展"新阶段的过程中,未来还可能对安全应急产业提出新要求。可以谨慎地对我国安全应急产业发展给予乐观的估计,将能够保持 10% 以上的增长率。

第二节　发展亮点

一、融合发展将引领产业进入新发展阶段

做好融合将是安全应急产业发展在 2021 年的重要任务。安全产业和应急产业具有相同的业态属性，多年来，安全产业和应急产业并行发展，分别从预防和救援两方面推动了产业进步，也提升了我国安全和应急保障能力。2020 年 6 月，《关于进一步加强工业行业安全生产管理的指导意见》是工信部作为牵头单位，将两大产业整合后首次发布的文件，对安全应急产业发展具有重要意义。面对抗击新冠肺炎疫情，习近平总书记多次强调"要健全统一的应急物资保障体系，把应急物资保障作为国家应急管理体系建设的重要内容"，这是对安全应急产业发展提出的新要求。抗击疫情彰显了我国工业整体发展对应急保障的重要作用，安全产业和应急产业具有相同属性，融合发展是大势所趋，聚焦自然灾害、事故灾难、公共卫生、社会安全等四类突发事件预防和应急处置需求，是未来安全应急产业的目标。按照这份文件的要求，未来安全应急产业的发展将从三个方面发力。

一是推动科技的引领作用。鼓励企业研发先进、急需的安全应急技术、产品和服务，引导社会资源积极参与科研成果转化与产业化进程，增强科技对风险隐患源头治理的支撑能力。如针对疫情在应急医疗物资保障方面补链、强链、扩链工作中，科技创新就必不可少。

二是优化产能保障和区域布局。引导企业集聚发展安全应急产业，规划建设一批国家安全应急产业示范基地，支持发展特色鲜明的安全应急产品和服务，提升安全应急产品供给能力是当务之急。支持安全应急产业集聚区发展，规范现有安全产业示范园区和应急产业示范基地建设任务紧迫。

三是加快先进安全应急产品的推广应用。面向四大类突发公共事件的需要，通过实施安全应急装备和产品应用示范，推动高端制造业和现代服务业融合发展，形成产学研用金协同推进安全应急产业高质量发展的局面。

二、示范工程将带动先进安全应急技术装备推广应用

先进安全技术装备的推广应用将进一步夯实安全应急产业高质量发展的基础。2020年12月,工业和信息化部、国家发展改革委、科学技术部联合印发了《安全应急装备应用试点示范工程管理办法(试行)》。该办法所指安全应急装备是为安全生产、防灾减灾、应急救援提供的专用产品。应用试点示范范围包括自然灾害、事故灾难、公共卫生、社会安全等四大类突发事件涉及的行业或领域。示范工程申报和遴选遵循政府引导、企业自愿,问题导向、重点突破,示范带动、有序推进,科学评价、注重成效的原则。三部门对示范工程建设和推广予以支持,鼓励地方政府通过专项资金等政策支持示范工程建设。作为落实《安全应急装备应用试点示范工程管理办法(试行)》的第一步,按照3+X的方式,工业和信息化部、国家发展改革委、科学技术部联合应急管理部决定组织开展了2021年安全应急装备应用试点示范工程申报工作。2021年的申报主要针对应急管理部提出的矿山安全、危化品安全、自然灾害防治、安全应急教育服务四方面需求,从安全生产监测预警系统、机械化与自动化协同作业装备、事故现场处置装备等16个重点方向,遴选一批技术先进、应用成效显著的试点示范项目。目标是聚焦5G、人工智能、工业机器人、新材料等在安全应急装备智能化、轻量化等方面的集成应用,探索"产品+服务+保险""产品+服务+融资租赁"等应用新模式,构建生产企业、用户、金融保险机构等各类市场主体多方共赢的新型市场生态体系,促进先进、适用、可靠的安全应急装备工程化应用和产业化进程,以高质量供给促进国内安全消费,为有效遏制矿山、危险化学品行业重特大事故、提升自然灾害防治能力以及培育安全应急文化提供技术装备支撑。

三、示范基地建设将更加规范有序

政策出台将推动安全应急产业示范基地建设更加规范有序。经过多年的培育和发展,我国安全和应急产业已经形成了"两带一轴"的两业融合总体空间格局,即东部发展带、西部崛起带和中部产业连接轴。在国家政策支持下,全国各地已经获得相关部委认可的国家级安全和应急

产业示范园区（基地）30多家。这些园区和基地分布广泛、特色鲜明，在推动产业集聚发展中发挥了重要作用。按照习近平总书记提出的"要优化重要应急物资产能保障和区域布局"，在加快安全应急产业发展工作中，承载着优化产能保障和区域布局责任的安全应急产业示范基地建设工作，更需要不断总结经验，合理规划布局，继续依托我国制造业优势，加强安全应急产业集群发展，扩大产业集群规模和发展质量。围绕产业特色，加强上下游的链式联动，做大做强产业链条。2021年，随着未来国家对安全产业示范园区和应急产业示范基地进行统一管理，将由工信部会同发展改革委、科技部联合印发《国家安全应急产业示范基地管理办法（试行）》，通过按这一文件组织实施，将完善示范基地的申报、评审和评估工作。文件的出台，也将进一步调动地方积极性，优化现有示范基地发展路径，促进区域安全和应急保障能力分布更加合理，也势必会推动安全应急产业示范基地创建迎来新一轮高潮。

四、应急物资保障体系建设将给产业发展带来机遇

健全统一的应急物资管理体系对安全应急产业发展带来新的机遇。2020年，在抗击新冠肺炎疫情过程中，工业生产在保障应急物资供给方面发挥了重要作用，也为安全应急产业发展提供了宝贵经验，但也发现了一些短板和弱项。按照党中央、国务院战略部署，中央财政在特殊转移支付中安排部分资金用于支持地方应急物资保障体系建设，因此下达了《关于下达支持应急物资保障体系建设补助资金预算的通知》（财建〔2020〕289号）。文件中要求应急物资保障体系建设资金用于支持地方加快补齐应急物资保障短板，健全完善中央和地方统筹安排、分级储备、重特大突发事件发生时可统一调度的应急物资保障体系。文件中要求明确的进一步充实完善专用应急政府储备、大力支持产能备份建设、增强医疗物资和装备应急转产能力等三方面重点任务，统筹整合已有储备资源，进一步充实完善专用应急政府储备的品种规模，对重大传染病防治专用药品和医疗防护物资储备的采购、轮换、管理及利息费用支出予以补助支持；着力提升公共卫生应急物资生产动员能力，支持国有及民营企业开展必要的产能备份建设和增强应急转产能力，形成可持续的医疗物资、装备供给能力。

后 记

赛迪智库安全产业研究所（原工业安全生产研究所）是国内首家专业从事安全应急产业发展研究的智库机构，本所不仅自2013年起连续编写并出版了中国安全应急产业发展蓝皮书，而且在2018年和2019年连续两年还发布了《中国安全产业发展白皮书》，2019年发布了《安全产业示范园区白皮书（2019年）》，2020年发布了《中国安全和应急产业地图白皮书（2020年）》，2021年发布了《中国安全应急产业示范基地创建发展白皮书》。当前，在工业和信息化部、应急管理部等部门的支持下，在中国安全产业协会的大力帮助下，又继续编写了《2020—2021年中国安全应急产业发展蓝皮书》。

本书由乔标担任主编，高宏担任副主编。刘文婷、于萍、李泯泯、程明睿、黄玉垚、黄鑫等共同参加了本书的编写工作。其中，综合篇的第一章和第二章分别由黄玉垚、刘文婷编写；领域篇部分，于萍编写第三章，刘文婷编写第四章，黄玉垚编写第五章，程明睿编写第六章；区域篇部分，刘文婷编写第七章，李泯泯编写第八章，程明睿编写第九章；园区篇部分，黄玉垚编写第十章，于萍编写第十一章和第十九章，刘文婷编写第十二章，程明睿编写第十三章，李泯泯编写第十四章、第十六章和第十七章，黄鑫编写第十五章和第十八章；企业篇部分，刘文婷编写第二十章和第二十七章，于萍编写第二十一章和第二十六章，李泯泯编写第二十二章，程明睿编写第二十三章和第三十章，黄鑫编写第二十四章和第二十九章，黄玉垚编写第二十五章和第二十八章；政策篇部分，黄玉垚编写第三十一章，黄鑫、于萍、黄玉垚、李泯泯编写第三十二章；热点篇部分，程明睿编写第三十三章和第三十四章，李泯泯编写第三十五章，于萍编写第三十六章，黄鑫编写第三十七章；展望篇部分，黄鑫编写第三十八章，高宏编写第三十九章。高宏、于萍负责对全书进行了修改完善、统稿和校对工作。工业和信息化部安全生产司，应急管理部规划财务司、科技和信息化司和中国安全产业协会的有关领导以及相关企业为本书的编撰提供了大量帮助,并提出了宝贵的修改意见。本书还获得了安全应急产业相关专家的大力支持,在此一并表示感谢!

由于编者水平有限,编写时间紧迫,本书不免有许多缺陷和不足之处,在此真诚希望广大读者给予批评指正。

赛迪智库安全产业研究所

思想，还是思想
才使我们与众不同

《赛迪专报》　　　　《安全产业研究》　　　　　《产业政策研究》
《赛迪前瞻》　　　　《工业经济研究》　　　　　《军民结合研究》
《赛迪智库·案例》　　《财经研究》　　　　　　　《工业和信息化研究》
《赛迪智库·数据》　　《信息化与软件产业研究》　《科技与标准研究》
《赛迪智库·软科学》　《电子信息研究》　　　　　《无线电管理研究》
《赛迪译丛》　　　　《网络安全研究》　　　　　《节能与环保研究》
《工业新词话》　　　《材料工业研究》　　　　　《世界工业研究》
《政策法规研究》　　《消费品工业"三品"战略专刊》《中小企业研究》
　　　　　　　　　　　　　　　　　　　　　　　《集成电路研究》

通信地址：北京市海淀区万寿路27号院8号楼12层
邮政编码：100846
联 系 人：王　乐
联系电话：010-68200552　13701083941
传　　真：010-68209616
网　　址：www.ccidwise.com
电子邮件：wangle@ccidgroup.com

研究，还是研究
才使我们见微知著

规划研究所	知识产权研究所	安全产业研究所
工业经济研究所	世界工业研究所	网络安全研究所
电子信息研究所	无线电管理研究所	中小企业研究所
集成电路研究所	信息化与软件产业研究所	节能与环保研究所
产业政策研究所	军民融合研究所	材料工业研究所
科技与标准研究所	政策法规研究所	消费品工业研究所

通信地址：北京市海淀区万寿路27号院8号楼12层
邮政编码：100846
联 系 人：王 乐
联系电话：010-68200552 13701083941
传　 真：010-68209616
网　 址：www.ccidwise.com
电子邮件：wangle@ccidgroup.com